AF299860

PROJET

DE

SOCIÉTÉ ANONYME,

POUR ÉTABLIR

UNE COLONIE AGRICOLE D'ENFANS TROUVÉS,

DANS LE DÉPARTEMENT DE LA GIRONDE.

PARIS. — IMPRIMERIE SELLIGUE,
131, RUE MONTMARTRE.

PROJET

DE

SOCIÉTÉ ANONYME,

POUR ÉTABLIR

UNE COLONIE AGRICOLE D'ENFANS TROUVÉS,

DANS LE DÉPARTEMENT DE LA GIRONDE.

PREMIÈRE PARTIE.

EXPOSITION DU PROJET.

Il n'y aura quelque chose de réel dans l'essor de la prospérité nationale que lorsque les capitaux reflueront avec abondance vers les spéculations de l'industrie et du commerce.

Chapitre Ier.

Préférence à donner par les capitalistes aux spéculations industrielles, organisées en sociétés anonymes.

La malheureuse privation à laquelle nous avons été trop long-temps livrés d'une rassurante perspective de stabilité dans nos institutions et dans nos relations amicales avec les autres États de l'Europe, devait nécessairement avoir pour effet de suspendre les grandes opérations industrielles et commerciales, et de fermer les capitaux destinés à les alimenter.

Cette crise, qui ne pouvait toujours durer, est arrivée à son terme; une sécurité générale a remplacé les anxiétés communes, et les capitaux, condamnés pendant trois ans à une stérilité presque absolue, vont retrouver dans l'industrie et le commerce une végétation énergique dont toutes les classes de la nation recueilleront les fruits.

Et force sera bien aux capitalistes de reprendre, d'élargir cette voie de placement. Les rentes sur l'État, grâces à la consolidation de notre organisation politique et au raffermissement de crédit qui en est inséparable, n'offrent plus à l'incurie des possesseurs de fonds disponibles l'appât d'un lucre si commode à réaliser.

D'ailleurs cette ressource a ses limites; et comment s'y classer quand les positions sont déjà prises? Et puis, ces *bons royaux* sur lesquels on se jetait à cause de la sûreté du placement et de la certitude d'un remboursement facile, vont cesser d'être recherchés par la réduction que le gouvernement a opérée dans le taux de leur intérêt. Restent les placemens en fonds de terres, et l'on sait que le capitaliste ne trouve point assez de fixité dans la mobilisation, la réalisation du capital, pour user de ce mode avec quelque étendue.

La production est le résultat de l'industrie, et ce résultat passe à la consommation, à l'aide du commerce. L'art du commerce a donc pour limites celles que lui trace le génie de l'industrie; tandis que celui-ci ne connaît point de bornes, qu'il peut se multiplier sous toutes sortes d'aspects, former toutes sortes de combinaisons, créer toutes sortes de produits. C'est donc l'industrie qui offre aux capitaux le plus de moyens divers de fructification; c'est donc vers elle qu'ils doivent principalement se tourner.

Il est pour l'industrie plusieurs causes de revers qui doivent exciter sa circonspection. Si elle suit des voies battues, l'encombrement, la dépréciation ne tardent point à ruiner ses projets. Si l'objet est de nature à ce qu'une concurrence moins exigeante dans les bénéfices, ou plus habile dans les moyens d'exécution, puisse s'en emparer plus tard, le mécontentement n'en est pas moins ruineux. Enfin, si le placement de cet objet peut être compromis par l'instabilité d'une vogue éphémère, par des crises politiques, des événemens de guerre, des souffrances commerciales, alors la chance est ouverte à la perte partielle et même entière des capitaux engagés.

En Angleterre, l'industrie n'est si grande, si prédominante sur celle des autres peuples, que parce qu'aussitôt qu'une entreprise s'y présente, elle trouve des capitalistes prêts à se coaliser pour la faire éclore. C'est ainsi qu'on voit s'y grouper sans cesse une foule de petits fonds isolés, pour en former de grands capitaux à l'aide desquels se réalisent les choses les plus utiles, qui, sans cela, seraient restées en vaine spéculation. L'on conçoit combien, indépendamment de leur influence sur le développement de l'industrie, ces agglomérations de petites unités de mises de fonds, organisées *en Sociétés anonymes*, se recommandent comme moyen de circulation et de placement; de circulation, puisque les plus petites fortunes peuvent y prendre part, et qu'ainsi toutes les classes y trouvent la faculté de rendre productives leurs réserves, leurs économies; de placement, puisque la perte y est limitée, tandis que les bénéfices peuvent y recevoir une extension indéfinie, fruits de l'accomplissement de prévisions qu'on croyait hasardées, ou d'événemens qu'on n'avait pas prévus.

En France, déjà nous avons commencé à suivre l'exemple des Anglais, et nous devons à cette imitation beaucoup de beaux établissemens d'utilité industrielle et commerciale; mais, dans les localités du royaume où, en cela, les choses sont les plus avancées, elles ont pris depuis quelque temps une bien affligeante direction. Entre l'industriel qui veut légalement exploiter l'objet de ses combinaisons, et le capitaliste qui ne recherche dans la collocation de ses fonds qu'un intérêt légitime et assuré, sont venus s'installer de cupides agioteurs. Décourager l'industrie pour en avoir meilleure composition; l'amener à croire que le projet présenté ne peut réussir qu'autant qu'ils en feront leur affaire propre; augmenter considérablement la somme qui suffirait pour former l'établissement projeté; créer des actions jusqu'à concurrence de cette illicite superfutation; les placer à l'aide d'exagérations analogues dans l'évaluation des produits présumés de l'opération; faire subir aux exigences de premier établissement des réductions qui compromettent la solidité des constructions, le service des machines, le succès de l'entreprise; garder la différence souvent énorme qui existe entre le chiffre des dépenses réellement faites et celui du capital versé par les actionnaires; se rendre maître ainsi par quelques jours de démarches seulement de fortunes qui contenteraient l'ambition de toute une vie; s'en emparer aux dépens du capitaliste dont la confiance est jouée, de l'industriel que l'on a pressuré, de l'exploitation elle-même qu'écrase un capital hors de mesure, à l'intérêt, ni au remboursement duquel elle ne peut subvenir; telle est la funeste tactique de ces financiers parasites, dont le courtage n'est qu'une décevante rançon perçue sur la crédulité de leurs cliens. . . . . Industriels et capitalistes ont donc un égal intérêt à repousser cette odieuse intervention, sans laquelle ils seraient sûrs de trouver dans la Société anonyme qu'ils forment pour l'accomplissement de projets bien conçus, bien vérifiés, tous les avantages de lucre et de sûreté qui se rattachent plus particulièrement à ce mode d'association.

Si, d'après ce que nous venons de dire, les capitalistes doivent, sinon adopter d'emblée, du moins aborder avec prédilection un projet industriel, dès lors qu'il est à l'abri des causes de revers par nous signalées, qu'il se prête à une exploitation par voie d'actions et qu'il se soustrait à la décimation des entremetteurs, il nous est permis d'espérer, en faveur de nos vues sur la *création d'une colonie agricole d'enfans trouvés dans les landes de l'arrondissement de Bordeaux*, le suffrage des personnes habituées à asseoir une partie de leurs revenus sur la base large et honorable d'établissemens d'utilité publique.

Unis par des liens de famille, par une communauté d'intérêts, notre attention s'était depuis long-temps fixée sur les ressources que les colonies intérieures offraient aux spéculations industrielles. Appelés par nos fonctions administratives, par nos affaires commerciales, à habiter, à explorer les anciens départemens de la rive gauche du Rhin et de l'Italie, nos regards s'étaient souvent portés et sur les merveilles qu'avaient opérées dans les sables de la Gueldre quelques centaines de malheureux habitans du Palatinat, que le dénuement en avait chassés, et les prodiges plus frappans encore que le génie administratif et bienfaisant de Pie VI avait réalisés au *Monte Romano*, par sa belle et nombreuse colonie d'enfans trouvés. Préoccupés de tout ce que pourrait produire de bon et d'utile l'entreprise de semblables travaux dans notre patrie, nous nous étions attachés à suivre dans leur développement les colonies agricoles d'indigens établies en Hollande, puis en Belgique, et dont précédemment nous avions parcouru les territoires; nous nous étions réjouis de voir fixée sur ces établissemens la sollicitude de la *Société royale et centrale d'Agriculture de France*, cette heureuse réunion de savans, d'économistes, d'agronomes qui honorent la nation autant que leurs travaux commandent sa gratitude. Enfin, renseignés, éclairés, encouragés par les annales de cette Société, et amenés dans les landes de Bordeaux pour y scruter la possibilité d'un grand établissement industriel, qui depuis s'y est formé d'après nos prévisions, nous nous étions convaincus de la parfaite similitude existant entre les localités hollandaises et belges, et les localités des landes de Bordeaux; nous avions même reconnu la supériorité de ces dernières, prises aux bords du bassin d'Aracachon, et nous avions présenté à une des sommités commerciales de cette place un projet de grand défrichement par une agglomération d'enfans trouvés qui consommeraient les produits. Mais absorbée d'une part par un courant immense d'affaires très variées; composée de l'autre de différens associés habitant des lieux éloignés; enfin préoccupée d'un grand projet de canalisation, la maison différa d'approfondir nos propositions, que la révolution de 1830 vint bientôt rendre intempestives. Leur opportunité est revenue. En France, en Hollande, en Belgique, en Angleterre, en Allemagne, des économistes, des agronomes, des administrateurs, des érudits sont venus, dans des écrits sur la matière, donner la sanction ou de la science, ou de l'observation, ou de la spécialité, aux idées que nous avaient suggérées de longues investigations sur les lieux mêmes, et que nous avions élaborées à la clarté déjà très vive qu'avaient répandue sur la chose d'autres hommes d'État, d'autres publicistes.

Il y a plus encore; le gouvernement a parlé; il a proclamé la haute utilité des colonies agricoles et pour la classe indigente et pour l'agriculture, et pour les associations qui les entreprendraient; il a proposé les colonies hollandaises et belges à l'imitation de la France; il a créé une commission d'hommes les plus instruits, les plus recommandables, pour éliminer de notre législation les entraves qu'elle pourrait opposer à l'essor, au succès des colonies.

Voici quelques passages du rapport fait au roi par le ministre du commerce et des travaux publics, le 6 novembre 1832, approuvé le même jour et inséré dans le *Moniteur* du lendemain.

« Dès 1818, une société patriotique se forma en Hollande sous les auspices du gouvernement, ayant des princes

« pour premiers souscripteurs et accueillant dans son sein tout citoyen qui contribuait pour 2 florins par année.
« Elle réunit bientôt quinze mille membres. La Société fit l'acquisition des bruyères de la Drenthe, y appela
« des familles pauvres, *des enfans abandonnés*, et en *moins de deux ans*, ces bruyères furent *converties*
« *en plaines fécondes*; la prospérité, l'ordre, l'aisance régnaient parmi leurs habitans. *Deux ans* encore
« écoulés, la colonie de Frederiksoord, établie sur ces bruyères, réunissait en ménages ou autrement 2,500 in-
« digens, *orphelins, enfans trouvés*, outre une colonie forcée de répression qui avait déjà mille mendians
« rendus au travail. La Société qui, à cette époque, comptait vingt mille membres, avait contracté avec le
« gouvernement pour le placement *de quatre mille orphelins, enfans trouvés ou abandonnés*, et pour cinq
« cents nouveaux ménages. »

« Après *une expérience de cinq ans*, l'exemple des succès de la colonie de Frederiksoord éveilla en Belgique
« une généreuse émulation. Bientôt une colonie formée dans la commune de *Wortel*, province d'Anvers, offrit
« des résultats aussi satisfaisans et *encore plus rapides*. Des habitations, des fermes, des maisons de filature
« s'élevèrent; *la culture obtint des produits supérieurs à ceux du voisinage*; une colonie de mille mendians
« valides fut établie par la Société, moyennant un paiement annuel de 70 francs par tête, consentie pour
« seize années par le gouvernement, c'est-à-dire pour le tiers de ce que coûte à l'État un mendiant admis
« dans les hospices. *Ce dernier établissement surtout est digne de servir de modèle dans tous ses détails.*
« Aujourd'hui, il y a onze colonies en Hollande et en Belgique; leur population réunie s'élève à plus de vingt
« mille âmes. »

« Les avantages qui résultent de cette institution sont sensibles et nombreux. On voit dans les colonies agri-
« coles des ouvriers, vivant d'abord du salaire de leur travail, devenir bientôt *usufruitiers* d'une habitation et
« d'une portion de la terre mise en valeur par eux. Une annuité médiocre, payée pendant quelques années par
« leurs protecteurs, suffit, à l'aide d'un système ingénieux d'amortissement, pour rembourser à la Société la
« valeur du terrain et les avances faites pour la mise en culture. Des administrations charitables ont tout profit
« à faire passer dans ces colonies la population valide de leurs établissemens, *puisqu'elle y trouve à plus bas*
« *prix une existence meilleure.* Comme asile, comme correction, comme répression, l'institution des colonies
« offre à la société des garanties que les maisons de refuge et les prisons correctionnelles sont loin de lui présen-
« ter sous les rapports moraux et matériels. Enfin, l'agriculture en général gagne beaucoup à ces exploitations en
« communauté, qui deviennent de véritables fermes-modèles. Des calculs établis dans des *mémoires publiés sur*
« *ce sujet par des hommes honorables* permettent de s'en faire déjà une opinion assez juste. Il est temps d'exa-
« miner dans quelles formes l'imitation des colonies agricoles, libres et forcées, peut être introduite en France.
« Il ne s'agit plus que de mesurer les moyens d'exécution aux différences des lieux, de mœurs et de gouverne-
« ment. . . »

« J'ai l'honneur de proposer à Votre Majesté la formation d'une commission . . . . dans laquelle doivent
« trouver place naturellement des membres des deux Chambres, versés dans les matières d'administration et d'é-
« conomie politique. Parmi ces derniers, je ne devais pas oublier *le nom de l'auteur d'un ouvrage* important sur
« *les établissemens hollandais et belges.* »

Cet auteur est M. Huërne de Pommeuse, ancien député, déjà connu par son premier ouvrage sur les canaux
de navigation, et membre de la Société royale et centrale d'Agriculture, auquel cette Société avait demandé un
mémoire sur les colonies agricoles, qu'il était allé visiter en 1829. C'est de ce mémoire, qui occupe tout un vo-
lume de 940 pages, que sont extraits les faits consignés dans le rapport au roi, ce qui les investit naturellement
d'un caractère officiel et irrécusable!

D'ailleurs, depuis son apparition, le mémoire de M. de Pommeuse a été l'objet de plusieurs examens critiques
qui tous ont confirmé les notions par lui recueillies. Nous citons principalement les observations publiées par
M. Ducpétiaux, inspecteur général des prisons et établissemens de bienfaisance de la Belgique, que ses fonctions
initient forcément dans l'administration et la comptabilité des colonies agricoles de ce pays; et dont l'aptitude à
contrôler M. de Pommeuse ne saurait, par conséquent, être contestée.

La concordance de tous ces documens avec nos précédentes observations, avec nos premières prévisions, a dû
nécessairement nous inspirer en celles-ci une confiance que rien ne pouvait plus ébranler. Nous avons donc réca-
pitulé nos études, revu les localités, résumé nos plans, et nous nous sommes dit :

Chapitre 4.

Règles générales à suivre dans l'établissement de colonies d'enfans trouvés.

1° L'administration publique consacre des fonds à l'entretien des enfans trouvés ou abandonnés; elle alloue à
chacun d'eux une pension annuelle, qui varie de 60 à 70 francs, et que l'on paie à de pauvres habitans de la cam-
pagne, chez qui les enfans sont placés; mais, dès qu'ils ont atteint l'âge de douze ans, l'administration ne donne
plus rien; et les enfans, dont la plupart malheureusement étaient déjà familiarisés avec la mendicité, en deviennent, à peu d'exceptions près, des élèves avoués, réguliers. Réduite à lutter contre un dénuement toujours
douloureux, contre des besoins toujours mal assouvis, l'humanité dégénère en eux et se dégrade dans un vil
abrutissement; ou bien, irrités du mépris qui les couvre, des privations qui sans cesse les poursuivent, sans que
les classes aisées y compatissent, ils ne respirent contre elles que vengeance, et l'exercent, lorsqu'ils en trouvent
la possibilité, en détruisant, en dérobant, en faisant pis encore.

De cette alternative, combinée avec le développement de leurs forces en grandissant, dérivent l'immoralité,
les vices, les désordres, les perturbations. Soustraire les enfans trouvés à la nécessité de mendier, en les tirant de
l'ignorance et de la misère, c'est donc attaquer le mal de la mendicité dans une de ses sources les plus intenses;

4

c'est dès lors un des meilleurs remèdes à ce fléau de la société ; un remède tout autrement efficace que cet éphémère palliatif résultant de la réclusion momentanée des mendians et des vagabonds.

2° Il faut donc sortir les enfans trouvés des mains de cette classe peu aisée, souvent même indigente, de ces malheureux à la tête desquels on les jette, pour ainsi dire, faute de mieux. Mais on manquerait le but, si on réunissait les enfans dans les villes, où les bâtimens qui leur sont affectés, manquent de l'espace et de l'exposition nécessaires à la salubrité ; où languit leur constitution physique ; où ils sont livrés aux ravages d'une désastreuse mortalité ; où on ne leur enseigne que des métiers sur lesquels ils ne peuvent fonder pour l'avenir aucun moyen d'existence indépendante ; où, exercés à des genres d'industrie auxquels se livrent aussi des habitans de ces villes, ils deviennent la désolation de ceux-ci par le bas prix auquel l'établissement des enfans trouvés livre ses fabrications. C'est dans des exploitations rurales qu'il faut les transplanter ; c'est à des travaux champêtres qu'il faut les occuper ; c'est là qu'ils seront en bon air ; qu'un ouvrage modéré les maintiendra en santé ; qu'ils apprendront un art dont les produits ont un débit toujours assuré, un cours moins flottant que les produits des autres arts ; qu'ils s'approprieront une industrie dont les ateliers existent partout et sur d'immenses surfaces, une industrie dans laquelle ils se rendront d'autant plus habiles, qu'étrangers à toute habitude antérieure, à tout asservissement de routine, ils ne cultiveront que d'après les leçons de leurs maîtres, dictées, non par des abstractions de cabinet, mais par un discernement préalable, une réunion de connaissances agronomiques, une expérience, incompatibles avec la stérile inertie de l'ignorance ou les ruineux mécomptes de l'engouement.

3° Evitons de mettre des enfans trouvés pêle-mêle avec des mendians, et surtout de confier à ceux-ci une tutelle quelconque sur eux. Le travail doit devenir le seul patrimoine des enfans ; tout dépend de leur en inspirer le goût, de leur en inculquer l'habitude ; et ce goût, cette habitude pourraient-ils les prendre aux discours, aux exemples de gens qui ont aversion du travail, qui préfèrent la honte de mendier, l'affreuse éventualité d'une existence souvent compromise à l'assujétissement réglé d'une occupation fructueuse ? Quelles leçons de morale, d'ordre, de vertus domestiques, peuvent donner des êtres assez corrompus pour se livrer à la vocation d'inspirer le mépris, d'exciter la crainte, de commander les précautions? Quelles racines peuvent jeter dans le cœur des enfans les soins d'une instruction religieuse et intellectuelle de quelques rares instans du jour, lorsque les propos des mendians tendent, tout le reste du temps, à en effacer la trace, à en anéantir l'effet? Pourtant, dans les colonies hollandaises et belges, on a formé des ménages d'enfans trouvés confiés à des mendians..... Certes, c'est une imperfection notable dans ces colonies ; et si, nonobstant cet écueil, elles ont réussi, à quel degré de perfection ne s'élèvera pas la nôtre, où le premier de nos soins sera de nous en préserver?...

4° Les enfans trouvés, qui reçoivent des subsides publics, sont, en France, au nombre de 125,000, et, chaque jour, ce nombre s'accroît : il est de 5,500 pour le seul département de la Gironde. Qu'ils sont nombreux les bras à offrir à la culture ! D'un autre côté, l'on compte 7,185,475 hectares de terrains non encore cultivés, et dans le département 433,021 hectares. Quelle est grande la portion de notre sol dont la culture réclame des bras ! Les terres en friches et les enfans trouvés s'appellent donc réciproquement ; ce sont deux élémens de productions, auxquels, pour fructifier convenablement, il ne manque que l'amalgame du troisième élément complémentaire, celui des capitaux.

5° Qu'on n'infère pas, néanmoins, qu'il faille verser indirectement tous les enfans abandonnés sur toutes les terres incultes. Le gigantesque de l'entreprise empêcherait de l'étreindre, quand même tant de circonstances de localités ne la rendroient pas rebelle à des argumentations appuyées sur de simples termes moyens.

Mais vérifier quels sont, dans chacune de ces localités, les terrains en friche les plus propres à être fertilisés ; ne porter ses vues de colonisation que sur de semblables terrains de choix ; borner ses défrichemens à des surfaces assez resserrées, et sa population coloniale à un nombre d'enfans assez restreint, pour que l'exploitation ne soit pas au-delà de la portée d'une administration peu compliquée, voilà ce qu'indique la nature des choses pour ne rien donner au hasard, pour ne compromettre aucun succès.

6° Rechercher surtout des terres où le défrichement n'ait pas besoin d'être secondé par des travaux d'une autre espèce, tels que des constructions hydrauliques, des abattis, des nivellemens, devient aussi une précaution à prendre, parce que la réussite de ces sortes de travaux est toujours problématique, et qu'ils surchargent l'opération de frais absorbans. Une autre règle à observer, c'est de restreindre la mise en culture à une marche graduelle, successive, et assez mesurée pour qu'elle n'ait à subir aucune précipitation, aucune insuffisance de moyens disponibles, aucune interruption, aucun pas rétrograde. Enfin, un soin important à prendre, c'est que les établissemens coloniaux ne soient pas relégués loin des voies de communication, qui leur sont toujours nécessaires pour l'arrivage de leurs besoins, ou l'écoulement de leurs produits.

7° Dans cette contrée de la France, on fait valoir les propriétés rurales en les confiant à des métayers qui pourvoient aux travaux et aux frais de la culture, moyennant une partie des produits qu'on leur laisse, et à l'aide de laquelle ils subviennent à tous les besoins quelconques d'eux et de leurs familles. La portion qui reste au propriétaire, devient pour lui le revenu net du domaine, sauf la contribution foncière, qui, quelquefois, incombe à cette portion.

Or, puisqu'une terre en culture nourrit celui qui la travaille et fournit un revenu à celui qui la possède, comment les terres propres à la culture, qu'on ferait travailler par des enfans trouvés, ne les nourriraient-elles pas, ne fourniraient-elles pas un revenu aux personnes qui auraient fait les avances nécessaires à cette mise en rapport?...

On obtiendrait ces deux résultats avec les premiers travailleurs venus ; mais, avec les enfans trouvés, la chose sera bien plus avantageuse, puisqu'indépendamment des bras qu'ils apporteront, à l'instar des métayers, la moitié d'entre eux apporteront, de plus que ceux-ci, la pension alimentaire que paient les départemens et les communes.

8° Il ne sera pas possible de contester une vérité aussi palpable ; mais on nous fera peut-être observer que la production est la moindre chose ; que l'essentiel est le placement des denrées produites ; que, sans ce placement, sans une consommation assurée, la production n'amène qu'encombrement, que dépréciation, que non-valeur. Puis, l'on demandera comment nous espérons écouler nos produits dans un pays inhabité, sans voies de communication avec les grands marchés de la contrée. A cela nous repondons que la proximité de voies de communication est, pour les établissemens coloniaux, une des conditions auxquelles nous avons dit qu'on ne pourrait se soustraire ; que nous supposons dès lors cette proximité ; que d'ailleurs il est facile de borner à peu près les différentes cultures des colonies aux besoins de consommation de ceux qui l'habitent, et de diriger leur industrie agricole vers la multiplication et l'engraissement des bestiaux, qui peuvent se passer de canaux et de routes pour se rendre aux lieux de placement.

9° Nous voilà, après un examen de détail, ramenés à la conclusion déjà prise à la suite d'une simple proposition, savoir : que la combinaison d'enfans trouvés, cultivant des terres reconnues propices à la végétation, devient, dans le sens des règles qui précèdent, de toutes les créations de produits, la plus naturelle ; de tous les intérêts susceptibles d'attirer des capitaux, le plus positif. Quinze années d'expérience sont venues le démontrer dans les colonies agricoles de la Hollande, où, nonobstant l'infraction de plusieurs de ces règles, le produit des terres défrichées, joint à la pension des enfans trouvés, payée pendant seize ans seulement, suffit au remboursement, au bout d'une semblable période, des capitaux empruntés pour acheter les terres, bâtir et meubler les habitations, payer les premiers approvisionnemens, en un mot, monter au complet les colonies. Les généreux fondateurs avaient sans doute fait des dons gratuits, dont une partie est même encore versée ; mais la diminution progressive de ces dons prouve assez que, si on n'avait pas eu recours à l'emprunt, on serait resté dans l'impuissance de faire ce qu'on a fait. En Belgique, ce refroidissement graduel de la bienfaisance a été plus marqué encore, au point qu'elle ne fournit plus à la prospérité des établissemens coloniaux qu'un très mince contingent. Chez nous, il est pénible de le dire, les contributions bénévoles pour des établissemens analogues n'ont pas eu plus de stabilité. A Paris, on n'a pu compléter la souscription dont les produits devaient pourvoir à la construction du refuge projeté par M. de Belleyme ; et à Bordeaux, le dépôt de mendicité, fondé en 1827, à l'aide de sommes données par des personnes bienfaisantes, est à la veille d'être fermée aux indigens, parce que le recouvrement des dons promis pour l'avenir est devenu presque nul. La voie d'emprunt est donc la seule que des sociétés doivent employer pour fonder et faire fleurir ces sortes d'établissemens ; et l'emprunt par actions, nous l'avons dit, est préférable à tous les autres. Dès lors qu'il en est ainsi, ce n'est plus comme un objet de charité publique ou privée qu'il faut présenter cette institution, mais bien comme un mode de placement avantageux et à la portée de tout le monde, comme un moyen de convertir, en valeurs aussi courantes que la monnaie, des valeurs jusqu'alors perdues pour la circulation.

10° Néanmoins, quoique l'avantage économique soit naturellement l'idée première et prédominante dans les projets du ressort des associations de capitalistes, et par conséquent dans ceux de colonies agricoles, cet avantage ne doit point s'acquérir aux dépens de l'amélioration du sort des individus appelés à servir d'instrumens à l'exécution de ces projets, de population à nos colonies. Il faut que, dans les charges de ces établissemens, figurent avant tout l'obligation de faire jouir les enfans d'un bien-être au moins égal à celui des classes travaillantes de l'agriculture et de l'industrie ; de leur donner un degré d'instruction intellectuelle et technologique dont ces classes même manquent aujourd'hui ; de former leurs jeunes cœurs aux inclinations et aux mœurs honnêtes ; enfin, de faire des êtres heureux et utiles à la société.

Il faut que l'époque de la dissolution de ces associations étant arrivée, elles laissent aux départemens et aux communes, chargés aujourd'hui des enfans trouvés, une destination perpétuelle, qui leur procure pour l'avenir un notable allégement dans le fardeau de cette dépense.

Il faut que le bénéfice pécunaire ne soit que le résidu de tous ces résultats préalablement obtenus ; résultats qui, pour ne pas dériver de vues originairement philantrophiques, pour n'être dûs qu'à des combinaisons à proprement parler industrielles, n'en sont pas moins honorables, moins salutaires, moins dignes, peut-être, de la gratitude des âmes patriotiques et des amis de l'humanité.

11° Et quel autre mode d'organisation économique pourrait, mieux qu'une association anonyme de capitalistes, remplir toutes les conditions de périodique exactitude dans les recouvremens des ressources consacrées à la formation des colonies agricoles, de stabilité dans les dispositions réglementaires destinées à leur servir de code, de facilité et de régularité dans la marche tracée à ces établissemens ? Ces sortes d'associations n'existent que par un acte obligatoire pour chacun des actionnaires, et qui forme une sorte de charte que tous ont intérêt à maintenir intacte, qu'aucun n'a intérêt à violer. . . . . . . L'adhésion à l'acte d'association une fois donnée par sa signature, le versement des sommes cesse d'être volontaire ; il est devenu une obligation ; et dès lors la rentrée des capitaux promis n'est plus arbitraire, n'est plus incertaine. L'accomplissement du projet n'a plus rien d'éventuel ; ce n'est plus une chaîne à rassembler anneau par anneau ; c'est une chaîne toute formée, dont il suffit que le premier anneau soit engrené pour que tout le reste suive irrémissiblement. Aucun des actionnaires ne peut avoir d'autre tendance que chacun de tous les autres actionnaires quelle que soit la différence qui puisse exister dans le nombre des actions qu'ils possèdent respectivement. L utilité, la seule utilité, est pour tous et chacun un point de mire qui leur sert exclusivement de guide, dans le concours qu'ils apportent à l'administration de la chose commune ; et ce sentiment d'utilité qui les pénètre avant tout, cette participation tantôt médiate tantôt immédiate à la gestion de l'intérêt social, deviennent, sans contredit, une garantie de succès à nulle autre pareille.

Après avoir parcouru cet exposé des règles à suivre, des inconvéniens à éviter dans la formation des colonies agricoles, quel que soit le pays de leur situation, on nous attribuera peut-être quelque connaissance de cause, quelque spécialité en cette sorte de matière; et l'on se trouvera, espérons-le, disposé à écouter avec plus d'intérêt l'esquisse du plan auquel nous nous sommes arrêtés, pour celle que nous destinons à ce département.

Par suite de ce plan, nous affectons à la colonie un tenement de 5662 journaux bordelais, dont 3, à peu de chose près, font l'hectare, pris dans une plus grande surface de landes que nous avons achetées pour cette destination, à Andernos, sur le bassin d'Arcachon; et qui, de toutes celles du Golfe de Gascogne, peut-être, sont les plus propres à une culture profitable.

Ce tenement sera employé ainsi : 2520 journaux, pour former un grand domaine rural; 42 en bâtisses, jardins, chemins, allées et fossés; 400 en semis de pins maritimes; et 2700 pour faire 270 métairies de 10 journaux chacune.

A l'endroit le plus favorable du tenement sera construit un vaste édifice pour loger deux mille enfans trouvés, dont 3/5e de garçons et 2/5e de filles, à choisir parmi les plus sains et les mieux constitués du département.

Indépendamment de cet édifice, qui sera l'asile colonial proprement dit, l'on construira d'autres bâtisses disséminées sur divers points du tenement, pour le service de l'exploitation rurale.

Les enfans seront admis à l'asile à l'âge de quatre ans, et y resteront jusqu'à leur majorité.

La population de la colonie ne sera pas portée de suite au nombre de deux mille sujets; elle n'y arrivera que successivement et au bout de neuf ans.

Dans la première année, l'asile ne se chargera que de mille enfans, pris parmi ceux de quatre à douze ans, soit cent-vingt cinq pour chacun de ces huit âges. A chacune des années suivantes, on admettra cent-vingt cinq nouveaux enfans de l'âge de quatre ans, et même un plus grand nombre, selon que l'exigera le remplacement de ceux que la mort aura frappés à l'asile.

Un an après que le complet des deux mille enfans aura été atteint, commenceront les sorties des sujets parvenus à leur majorité; et comme ces sortans, ainsi que les décédés, seront chaque fois remplacés par les admissions annuelles d'enfans de quatre ans, ce complet ne cessera plus d'avoir lieu.

Ainsi, la population se divisera en deux catégories. L'une comprendra mille enfans de quatre à douze ans, pour lesquels le département et les communes acquittent la pension; elle s'appellera *payante*. L'autre se composera de mille autres sujets de treize à vingt-et-un ans, pour lesquels aucune pension n'est versée; on la nommera *gratuite*.

En comparant les deux mille enfans à des adultes de dix-huit ans (que nous considérons pour le travail et les besoins comme des hommes faits), afin de savoir à combien de ces derniers ils équivalent, on trouve qu'ils en représentent treize cent soixante-quinze, savoir : la première catégorie quatre cent soixante-douze, et la deuxième neuf cent trois.

La pension payée pour les enfans de la première catégorie doit naturellement tenir lieu de ce que coûtent leur nourriture et leur entretien complet. Nous nous sommes rendu compte que, pour remplir cette condition, elle ne peut-être au-dessous de 63 francs; et c'est à ce chiffre que nous nous sommes arrêtés. Sur ce pied on recevra annuellement 63,000 francs pour les mille enfans de la catégorie payante.

La catégorie gratuite qui, comme on l'a vu, représente neuf cent trois adultes, trouvera ses moyens d'existence dans le travail des terres coloniales. En se rappelant la comparaison des métayers qui cultiveraient ces terres, on ne peut révoquer en doute que cette catégorie n'obtienne les résultats qu'ils auraient réalisés, c'est-à-dire de vivre aux dépens du domaine rural comme nous venons de l'annoncer, et de fournir en outre au propriétaire une partie de produits que nous pourrions, selon l'usage, regarder comme égale à celle absorbée par les exigences de la culture. Mais nous n'avons pas besoin qu'elle en dépasse la moitié à peu près, puisqu'à ce taux elle suffira à l'existence complète des quatre cent soixante-douze adultes auxquels sont assimilés les mille enfans payans, existence en échange de laquelle ils verseront les 63,000 francs de leur pension.

Le domaine rural aura donc pourvu à l'existence de la catégorie gratuite qui l'aura cultivé; il aura encore pourvu à l'existence de la catégorie payante, de laquelle il aura reçu 63,000 francs pour prix de ce qu'il lui aura fourni; en sorte que ces 63,000 francs deviennent un revenu net, une somme franche à affecter à l'opération financière dont la colonie est la base, à offrir annuellement en garantie aux personnes qui y prendront part.

Jugerait-on à propos de n'envisager la population coloniale qu'en bloc, sans acception de catégories? Alors les résultats seraient encore plus avantageux; car nous pourrions dire : les deux mille enfans nous représentent tel nombre qu'on voudra de familles de métayers composées d'individus de tout âge; et ces familles doivent trouver leur existence dans la culture du domaine, plus fournir au propriétaire un revenu net. Or ce revenu n'ayant plus à subir aucune charge, puisque tous les besoins des deux catégories sont satisfaits, il faut l'ajouter à la somme de 63,000 francs ci-dessus, laquelle se trouvera, de cette manière, augmenter dans une forte proportion.

Ensuite, quelque soignée que soit la culture de notre domaine, quelqu'ouvrage que puisse exiger la manipulation des denrées obtenues, cela ne peut fournir assez d'occupation à une population qui représente 1,375 adultes; et il y aura au moins le tiers du temps à employer à des travaux de fabrication pour les besoins de l'établissement. En bornant ce tiers à cent jours de l'année, on n'en trouve pas moins à utiliser annuellement 137,500 journées, ce qui devient certainement l'élément d'un bien important produit.

Il reste le revenu des 270 métairies qui feront partie de la colonie; mais ce revenu ne servira guère qu'à couvrir les frais de leur premier établissement; et à cette observation nous en ajouterons plus bas d'autres qui expliqueront mieux encore pourquoi nous ne le portons point en compte.

Nous demandons six ans pour accomplir la mise en culture à l'aide de laquelle le domaine pourra suffire à l'existence des deux catégories de la population, c'est-à-dire laisser les 63,000 francs de pension libres pour des-servir l'opération financière.

C'est à 800,000 fr. que s'élèvent les sommes nécessaires pour payer les landes, faire construire les bâtimens, acheter le bétail qui servira au travail et à l'engrais des terres, pourvoir aux premiers approvisonnemens, salarier les ouvriers employés à la culture, subvenir à l'intérêt de ces capitaux même pendant les six années où, comme nous venons de le dire, le revenu du domaine ne sera pas encore formé.

Pour réaliser ces sommes, nous proposons de former une Société anonyme dont le capital sera de 800 actions de 1,000 francs chacune. Cette Société aura une durée de 38 ans, qui est nécessaire aux diverses phases de l'opération financière.

Le montant des actions sera versé en une seule fois, et les titres d'actions seront remis immédiatement aux actionnaires. De cette sorte, il ne se dessaisiront de leurs deniers que contre des valeurs faites et négociables, tandis que, dans tant d'autres sociétés anonymes, les actionnaires ne reçoivent, souvent plusieurs années de suite, en échange de leur argent, que des quittances provisoires qui demeurent tout aussi long-temps immobiles dans leur portefeuille.

Au lieu de 63,000 francs que nous fournira l'affranchissement de la pension des 1,000 enfans de la première catégorie, ne comptons que sur 60,000 pour faire une part très ample aux non-valeurs. Avec cette recette principale, la Société pourvoira au remboursement de toutes les actions et au service d'un intérêt de 5 p. 0/0 jusqu'à ce que ce remboursement ait lieu.

Et avec les recettes accessoires, telles que l'augmentation de revenu du domaine en sus de la subsistance qu'il aura fournie aux 2,000 enfans, le travail des ateliers de fabrication, le perfectionnement de la culture, la multiplication des bestiaux etc., la Société répartira encore un dividende annuel d'une importance majeure.

Mais toutes ces prévisions accomplies, et la dissolution de la Société arrivée, il lui restera encore à disposer des bâtimens et des terres de la colonie. Nous avons pensé qu'il convenait de faire retourner ce bel héritage à ses trois auteurs originaires qui sont : nous-mêmes, de qui émanent la conception, l'élaboration et la mise à exécution du projet; le département et les communes, de qui émanent les enfans, instrumens de la culture ; et les actionnaires de la Société, de qui émanent les capitaux. A ces derniers reviendront le grand domaine et son bétail, plus le quart des terrains en nature de forêt, ce qui représentera au moins le capital primitif, et doublera ainsi les avantages que les fondateurs auront déjà retirés de leurs fonds.

Au département et aux communes, la moitié des terrains en forêts, le bâtiment de l'asile avec tout son inventaire, les jardins et 200 métairies avec leurs bestiaux et autres appartenances; ce qui mettra l'administration en possession d'un établissement tout monté, et dont les produits, tournant tout entiers au service des enfans coloniaux, permettront d'en entretenir, sans pension, un nombre presqu'égal à celui dont la Société s'était chargée.

Et à nous appartiendront avec le dernier quart des terrains en forêt, les 70 métairies restantes y compris leurs bétail et inventaires, à prendre, pour éviter toute discussion sur le choix, parmi les dernières établies.

La nourriture des enfans sera de bonne qualité, préparée avec soin et abondante ; en état de maladie, ils seront recueillis à une infirmerie et seront traités selon les prescriptions du médecin. Ils coucheront dans des dortoirs spacieux, et seuls, dès l'âge de seize ans. Ils auront un habillement d'été et un d'hiver. La coupe et les couleurs en seront combinées avec un aspect agréable, une hygiène raisonnée, et une convenable économie. Tout ce qui en fera partie, sera fabriqué par eux exclusivement.

Ils apprendront à fond la culture des terres, laquelle leur sera exclusivement confiée après les six années de l'ouverture de l'asile ; plus un des métiers pratiqués à l'établissement.

Ils seront fréquemment appelés à recevoir les instructions et à remplir les devoirs de la religion.

Ils seront exercés à la lecture, à l'écriture et au calcul, de manière à acquérir un usage facile et prompt de ces élémens. On y joindra des exercices de chant, surtout en chœur, comme moyen d'adoucir les mœurs et de les épurer.

On décernera des récompenses pour exciter leur émulation ; on infligera des peines contre la paresse et l'indocilité; bref, on établira un système d'éducation qui puisse développer les bonnes qualités et atténuer les mauvaises.

On fixera aux enfans des salaires fictifs dont une portion sera réellement mise à intérêts composés, pour leur former, lors de leur majorité, une légitime qui facilite les mariages entre colons des deux sexes.

Parmi les couples récemment unis, on choisira les plus méritans, et l'on remettra à chacun de ces ménages d'élite une des deux cent soixante-dix petites métairies que la Société aura fait successivement établir et garnir de bétail, métairie dont ils acquitteront une ferme de 100 fr. seulement, somme infiniment inférieure à la moitié des fruits que les métayers ont coutume de verser.

Toutes ces dispositions, et une foule d'autres adaptées aux progrès du siècle, de même que les différens modes de culture, feront l'objet de réglemens arrêtés par la Société anonyme, dès qu'elle sera formée.

Nous avons cru devoir comprendre, parmi les garanties à offrir à l'administration tutrice des enfans trouvés, d'une part, et à la Société, anonyme de l'autre, le contrôle de la presse périodique, en mettant à la disposition de chacun des rédacteurs des journaux politiques du département une somme qui pût les défrayer dans les voyages qu'ils voudront faire à l'établissement colonial, pour en explorer toutes les parties.

Le siège de la Société sera à Paris ou à Bordeaux, où résidera son conseil d'administration; mais la colonie même sera régie dans toutes ses parties par un personnel dont les émolumens ont été fixés de telle sorte, qu'ils offrent à ceux qui y seront employés, un sort modeste sans doute, mais susceptible néanmoins de procurer une certaine aisance.

Nous donnerons, à la quatrième partie, le projet des statuts de cette société. On voudra bien remarquer que nous ne nous y sommes réservé qu'une prime fixe de 3,000 fr. par an ; ce qui, partagé entre deux et ramené à notre position sociale, ne peut être regardé ni comme un appât, ni comme une récompense. D'un autre côté, nous ne saurions nous flatter de profiter nous-mêmes de l'attribution que nous avons retenue dans les immeubles de la Société après sa dissolution. Il est donc naturel que nous ayons cherché ailleurs un dédommagement d'une jouissance plus rapprochée ; et en le prenant dans l'*éventualité* du tiers du dividende présumé, nous avons cru agir de manière à ne point laisser de doute sur l'esprit de modération qui nous anime, et sur la confiance que nous avons dans le succès de l'opération.

Garder pour nous la tâche pénible de mettre en culture les terrains de la colonie, d'organiser les ateliers de fabrication, de faire prendre à la population coloniale cet heureux pli de docilité, cet esprit d'ordre, cet amour de travail qui sont de sûrs garans de succès, nous a paru un devoir dont il ne nous était pas possible de nous dispenser, et à l'austère accomplissement duquel on reconnaîtrait peut-être en nous un zèle susceptible de nous mériter intérêt et confiance... Nous nous sommes donc inscrits pour les deux premiers emplois de la colonie pendant les six premières années.

Enfin, que l'on veuille bien remarquer aussi, qu'en nous chargeant de livrer à la société l'établissement tout monté, nous n'entendons toucher aucun argent d'avance ; nous ne voulons recevoir que le montant de dépenses ou de dispositions déjà faites pour l'unique objet de la colonie ; nous laissons le conseil administratif de la Société complètement investi de la perception du montant des actions, et de la gestion comme de la garde des fonds, de quelque nature qu'ils soient ; en un mot, que nous nous plaçons dans la position la plus propre à rendre impossible de la part des actionnaires toute méfiance, toute sollicitude sur l'emploi de leurs deniers.

Tel est notre plan dans des dispositions principales, que l'on a certainement trouvées conformes aux règles générales que nous avions tracées. Toutefois, à l'égard de la plupart des élémens de produits et de dépenses, nous n'avons guère énoncé que des assertions. Il nous reste dès-lors une tâche à remplir, celle d'en donner la preuve.

Avantages inhérens à la situation de nos landes. Personne n'ignore que, de toutes les landes du Golfe de Gascogne, les plus susceptibles de fertilité sont celles du triangle ayant sa base à la route de Bordeaux à la Teste, et son sommet à l'embouchure de la Gironde. Cette fertilité est moindre cependant à la croupe que forme la rencontre des deux plans légèrement inclinés dont se compose cette grande plage, attendu que le sol y est peu profond, qu'il s'y dégarnit du détritus des plantes que les pluies entraînent quoique lentement, et que la végétation n'y a point de prise sur les bancs de tuf ferrugineux qui recouvrent sa surface. La base des deux versans au contraire, et notamment celle qui longe les étangs des Dunes, a une couche de terrain cultivable plus épaisse ; reçoit les résidus végétaux des landes du sommet du plateau ; recèle des bancs d'argile moins compacte, et qui, mélangés avec le sable dominant dans le sol supérieur, ne peut manquer de constituer une bonne terre. Aussi, est-ce dans cette partie que, comptant sur l'ouverture d'un canal navigable, des compagnies avaient acheté de grandes surfaces qui eussent été incontinent défrichées si la canalisation avait eu lieu. C'est encore de ces landes que, dans la dernière session du conseil d'arrondissement de Bordeaux, un de ses membres lui disait dans un rapport officiel : *qu'elles étaient les seules dont la fertilité ne fût point contestée.*

C'est d'elles enfin qu'on lit, dans un exposé fait récemment à la commission d'enquête relative à des modifications apportées dans le projet de canal, ces passages remarquables : « Déjà la supériorité des bas fonds, ou « bases des revers, a été démontrée par la simple citation et la comparaison des localités, avec tant d'évidence, « qu'il serait oiseux de revenir sur une vérité qui sert de corollaire à un principe géodésique..... Dans la partie « *du Bas-Médoc comme sur le littoral du bassin* et celui des étangs au nord, la terre *n'exige que des bras ou le* « *travail ordinaire du cultivateur* pour être mise en nature de rapport de toute *espèce de céréales et en obtenir* « *les produits les plus variés.* »

Libre de notre choix, nous devions donc le fixer sur un des points de cette localité ; et ce point a dû être celui d'Andernos, sur les bords sud-est du bassin d'Arcachun, parce que les eaux stagnantes qui inondent les autres landes ont ici un écoulement facile et prompt, et ne sont point comme ailleurs une cause d'insalubrité, ni un obstacle à la culture ; parce que les marées y apportent sans cesse sur la plage des amas de plantes marines dont l'emploi comme engrais est, à lui seul, un puissant moyen de succès agricole ; parce que le voisinage de la mer y permet l'exploitation de la pêche, dont les produits augmenteront considérablement les ressources alimentaires de la colonie ; parce que, placée à proximité de forêts considérables, la colonie ne manquera pas des bois nécessaires à ses premières constructions, puis à son chauffage, jusqu'à ce que la forêt qu'elle-même établira puisse pourvoir seule à ses besoins ; parce qu'à l'aide de travaux peu dispendieux d'endiguement, à l'instar par exemple de ce qui se pratique non loin du mont Saint-Michel sur les côtes de la Manche, on pourra conquérir sur la mer de vastes terrains qui, convertis en prés salés, acquerront une grande valeur ; enfin, parce que le bassin offre une voie facile et économique de communication entre les landes de ces bords et la ville de la Teste, placée elle-même à l'issue d'une grande route, et où est le marché de toutes les productions de cette contrée. Aucun de ces avantages n'étaient ignoré de nos vendeurs ; et le prix que nous avons dû subir s'en est ressenti ; aussi est-il supérieur au taux moyen de 9 fr. 31 c. qu'a coûté le journal des landes de la colonie belge de Wartel, où, il est vrai de dire, on a négligé de rechercher les différentes convenances dont la réunion nous a paru indispensable pour réussir. Il y a plus ; il était dans les vues de la Société des colonies hollandaises et belges que les landes où on les éta-

Chapitre 6.
Démonstration des produits, dépenses, bénéfices et autres résultats annoncés par les auteurs du projet.

NOTE 7.

blirait fussent prises parmi les plus mauvaises, afin de rendre l'exemple du succès plus entraînant pour déterminer les particuliers à entreprendre de semblables défrichemens ; et c'est dans le fait un des salutaires effets que cet exemple a produits. Mais par de simples considérations industrielles, nrus ne pouvions suivre des erremens aussi aventureux ; nous devions choisir ce qu'il y avait de mieux dans les 433,000 hectares et plus de landes du département. Et cette seule circonstance, que notre colonie ne sera que de 1800 et quelques hectares, que ce nombre forme à peine la 224ᵉ partie des surfaces qui s'offrait à notre option, doit, ce nous semble, transmettre la conviction que nous avons la fleur, si l'on peut parler ainsi, des terrains propres à des colonies ; que nous pourrions prospérer quand même celles qui nous servent de modèles eussent échoué avec leurs mauvais terrains ; et que, puis qu'elles ont réussi, la nôtre, avec sa grande supériorité de position, atteindra un bien plus haut degré de prospérité.

Distribution des terres de la colonie. — C'est une opinion généralement adoptée que, dans les grandes réunions d'individus des deux sexes, vivant en communauté, une surface de deux hectares, passablement cultivée, en nourrit amplement trois, ce qui fait 2 journaux bordelais par tête. Nos deux mille enfans, équivalant à treize cent soixante-quinze adultes, ou individus faits, l'étendue des terres de la colonie devrait être de 2750 journaux, et nous en possédons 2962, indépendamment de 2700 que nous affectons à de petites métairies, destinées à des ménages qui sont en dehors de cette population. Nous sommes donc de 212 journaux au-dessus de nos besoins, en ne consultant que des données générales et théoriques.

Les résultats obtenus dans les colonies hollandaises et belges, et qui, chaque jour, se confirment davantage, n'exigent pas une si grande étendue de terres. Les métairies de 10 journaux qui en font partie nourrissent et entretiennent de tout des familles de huit individus, dont cinq à six petits orphelins, et que l'on peut assimiler à nos enfans trouvés. Sur ce pied, notre domaine doit avoir 2520 journaux, superficie que nous lui avons, en effet, donnée, quoique nos landes renferment bien plus d'élémens de production.

Le jardin commun de l'asile, ceux que les employés de la colonie auront pour leur usage particulier, les allées, les chemins, les bâtimens ne détruiront rien de cette superficie; 42 journaux y sont spécialement destinés.

Il fallait pourvoir aux besoins de la colonie en bois de chauffage et de construction, et des calculs analytiques nous ont prouvé que 400 journaux de pins maritimes, bordés d'essences propres au charronnage, répondraient à toutes les exigences, fussent-elles même hors de mesure. Dès la quatrième année, il faudra éclaircir les plantations, puis continuer cette opération jusqu'à ce que la forêt ne contienne plus que le nombre d'arbres qu'elle doit garder définitivement. Et ces éclaircis seront assez importans, au bout de neuf ans, pour que le chauffage cessé d'être une charge, attendu que ce qui manquera encore en bois de buches pourra se payer avec le produit des perches pour échalas, supports de filets de pêches, clôtures et chevrons, que fourniront les élagages annuels, outre les fagots à brûler.

Sans anticiper sur les plans de culture qu'arrêtera la Société anonyme, nous pensons que ses semis ne seront pas disposés en un seul et même massif; qu'on en fera, au contraire, sept ou huit portions séparés les unes des autres, et placées aux endroits où on les croira le plus utiles pour abriter les champs contre les vents nuisibles, et fixer une salutaire fraicheur là où elle est nécessaire pour laisser à la végétation une convenable énergie.

Produits du domaine colonial. — Nous allons ici suivre la même marche que pour l'article qui précède, en présentant d'abord les données théoriques, puis en nous appuyant sur les résultats obtenus en Hollande et en Belgique.

Un haut fonctionnaire de l'Etat, né dans les landes de Bordeaux et y possédant de grandes propriétés, a consigné le fruit de ses études et de sa pratique dans un ouvrage élémentaire que le gouvernement impérial a fait imprimer et répandre en 1806, pour servir de direction à la culture de cette contrée. Nous pouvons donc regarder comme dignes de confiance les données de M. le comte Depère, alors membre du Sénat conservateur. Or, selon lui, une métairie de 45 journaux de terres ordinaires prises dans les Landes, cultivées selon l'assolement qu'il conseille et renfermant dix-huit têtes de gros bétail, doit donner un produit brut de : . . 5,450 fr. oo

Et il porte les frais d'exploitation généralement quelconques, impôts compris, à. . . . . . . 3,650 oo

Ensorte que le produit net serait de . . . . 1,800 oo
En appliquant ceci à nos 2520 journaux nous trouverions un revenu brut de . . . . 305,200 oo
Des frais d'exploitation s'élevant à. . . . . 204,400 oo

Et un revenu net, pour l'ensemble, de . . . . 100,800 oo

De cette sorte, le produit net d'un journal serait de 40 fr., et les frais d'exploitation représenteraient 66 p. o/o du produit brut.

Selon le compte rendu par M. Huerne de Pommeuse, et où sont précisés les faits consignés dans le rapport au roi, l'expérience attribue à chacune des petites métairies de 10 journaux des colonies hollandaises et belges, ayant deux vaches, un produit brut de. . . . . 1,209 fr. o3

Dont il y a à défalquer, pour toutes les dépenses de semence, de culture, de récoltes, de nourriture, des huit individus composant la famille, de leur habillement, chauffage, etc. . . . 892 49

Ce qui laisse un produit net de. 316 54

NOTE 8.

L'application proportionnelle de ces résultats aux 2520 journaux de notre domaine, fournit un gros bétail de cinq cent quatre têtes et un produit brut de 304,675   56
Qui absorbent en frais d'exploitation, y compris l'entretien complet des deux mille enfans. .   224,907   48

De manière que le produit net du domaine est de..   79,768   08

En comparant le chiffre des données de M. le comte Depère avec celui des résultats de Hollande et de Belgique, on voit que, pour le produit, ils sont à peu près semblables, et que, pour les frais d'exploitation, ils ne diffèrent que de 8 p. 0/0. Cette sorte de concordance entre des prévisions établies en 1806 pour les landes de Bordeaux, et des faits réalisés 25 ans plus tard dans des terrains de même nature, entre l'Escaut et la Meuse, est aussi remarquable en faveur de la théorie de notre habile agronome que des soins donnés à la culture par les colonies qui nous occupent. Il y a même lieu de croire qu'au moment actuel il y a égalité complète entre les préceptes et les résultats, puisque, dans le but de diminuer les frais d'exploitation et d'augmenter par conséquent le produit net, la direction des colonies agricoles a, dans ces derniers temps, modifié le système des métairies de 10 journaux en ce sens que la culture n'en est plus laissée isolément aux familles qui les habitent, mais que c'est la direction qui y pourvoit en régie, en faisant travailler pour son compte les individus de ces familles.

Cette modification de système pour les colonies libres, distribuées en petites métairies, tend à se rapprocher du mode d'administration des colonies forcées, dont les vastes domaines sont cultivés en économie directe par la population réunie dans de grands édifices ; rapprochement motivé sur ce que l'expérience a prouvé que les terres de ces dernières étaient mieux cultivées et rapportaient davantage. Or, nous procéderons pour notre colonie d'enfans trouvés d'après le mode des colonies forcées de Hollande et de Belgique, et par cela seul déjà, nos produits dépasseront ce que nous avons obtenu de l'application proportionnelle du revenu des petites métairies de 2520 journaux.

Tel qu'il est, ce revenu justifie les passages du rapport au roi où il est dit, en parlant des colonies de Frederiksoord et de Wortel, que *les bruyères se convertirent en plaines fécondes, où la culture obtint des produits supérieurs à ceux des terres du voisinage.*

Cette supériorité doit être attribuée principalement à la grande masse d'engrais que l'on répand sur les terrains défrichés, et qui ne provient pas précisément de la quantité d'animaux que renferment les colonies; car le nombre en est bien moindre que ne le prescrit, par exemple, M. le comte Depère, mais des moyens artificiels qu'emploie la direction pour former des compasses, des terreaux, des mélanges de sol. Un agronome anglais, M. Soubiaran, qui a visité ces colonies, a été frappé et de la haute importance que la direction attache à ces engrais complémentaires et de la sorte de discipline qu'elle exerce sur les colons, pour les forcer à en être toujours pourvus, et des effets prodigieux de l'emploi de ces moyens. Il les a soigneusement décrits et les a proposés à l'imitation de ses compatriotes, parmi lesquels, dit-il, *aucun fermier ne peut se flatter ni de semblables efforts, ni de pareils résultats.* Comme lui, M. Huerne de Pommeuse en a été émerveillé ; comme lui, il a eu le soin patriotique d'expliquer les procédés. Déjà il les avait vus consignés dans maint ouvrage agronomique; mais il a pensé avec raison que, reproduite en même temps que les résultats si heureux qui s'en étaient suivis, leur nouvelle description les ferait bien plus propager. Et dans cette contrée, ces procédés doivent trouver d'autant plus de créance qu'il existe une très grande analogie, si non une conformité entière, entre eux et ce qui se pratique depuis quelque temps aux environs de Toulouse, grâces à l'idée qu'en a suggérée et répandue un estimable agriculteur, M. Francès, dont, en passant, nous osons recommander l'opuscule aux amis de la culture.

Versées sur les défrichemens de notre colonie d'Andernos, les mêmes espèces, les mêmes quantités d'engrais produiront de plus heureux effets encore, parce que le sol n'y est pas, comme celui des bruyères des colonies de nos voisins, de cette nature marécageuse qui, selon l'inspecteur général M. Ducpétiaux, a été si nuisible à leurs premiers succès; que (c'est ici le cas de le répéter) nous aurons, de plus que ces colonies, l'inappréciable ressource des engrais marins auxquels, en France, le littoral des départemens de l'ouest, et, en Angleterre, le comté de Norfolk, jadis stérile et aujourd'hui si renommé par ses riches produits, sont redevables de leur fertilité; enfin que le long apprentissage agricole que feront nos orphelins coloniaux, la vigueur de ceux des trois ou quatre âges qui précéderont la majorité, et, en général, l'avantage de n'employer que des jeunes gens toujours alertes, toujours dispos, sont autant de circonstances susceptibles de s'assurer un travail bien plus fort et bien mieux fait.

D'un autre côté, nous avons un élément de produit de plus que ceux qui figurent dans les calculs qui nous ont servi de base ; nous voulons dire le revenu des 400 journaux de forêt.

Ce serait donc se refuser à l'évidence que de ne pas convenir que nous obtiendrons au moins ce que l'on obtient dans les colonies hollandaises et belges, c'est-à-dire, déduction préalablement faite de la nourriture et de l'entretien des 2000 enfans, un revenu entièrement net de. . . . .   79,768 fr. 08 c.
La pension des 1000 enfans payans restant ainsi disponible, il faut l'ajouter à ce revenu, ci.   63,000   00

Total des ressources annuelles qui seraient disponibles pour satisfaire aux exigences de l'opération financière.   142,768   08
L'on a vu qu'elle roulait seulement sur.   60,000   00

Ainsi nous aurions en sus de ce qu'il faut.   82,768   08

Et certes, si l'on voulait élever des doutes sur l'exactitude de nos bases, au moins faudrait-il avouer qu'un excédant aussi énorme de la recette sur la dépense laisse une marge des plus rassurantes pour corriger toute erreur, pour parer à tout mécompte.

Nous n'admettons pas que cette somme de près de 83,000 francs puisse se fondre en non-valeurs, d'autant qu'elle sera renforcée par le produit du travail non agricole des 2,000 orphelins, des essaims d'abeilles, des arbres résineux, des arbres fruitiers, de la pêche, etc. ; autant de choses qui alimenteront le dividende dont nous avons fait mention, et qui, pour ne pas avoir été énoncé en chiffres dans le tableau de l'opération financière, n'en reviendra pas moins aux possesseurs d'actions. NOTE 10.

Devons-nous redouter cette réflexion, qu'avec de telles ressources, on aurait pu rendre beaucoup plus courte la période du remboursement du capital social, et, par conséquent, la durée de la Société? Mais ce n'est point des actionnaires que peut émaner à ce sujet la moindre critique, puisque, d'une part, la durée plus longue, en nous dispensant de chiffrer toutes les ressources, devient pour eux une cause précieuse de sécurité; et que de l'autre, c'eût été travailler contre leur intérêt que de restreindre le nombre des années pendant lesquelles se répètent pour eux des produits aussi importans. Ce n'est pas non plus le département à qui il siérait de s'en plaindre, dès lors que, sans exiger de lui aucun concours et tout en améliorant immensément le sort de ses enfans, on l'enrichit d'une grande et belle dotation.

Mise en culture du domaine, successive et graduelle. Un des inconvéniens que l'on a reprochés à la manière dont on a opéré en Hollande et en Belgique, c'est d'avoir entrepris le défrichement sur une trop grande étendue à la fois.

Effectivement, dans l'ensemble des colonies de Frederiksoord, par exemple, on a, en moins de cinq ans, défoncé et mis en plein rapport près de 10,000 journaux, et construit cinq édifices d'une très grande dimension, 400 fermes, et beaucoup d'autres bâtisses rurales. Nous suivrons en cela les conseils de monsieur l'inspecteur-général Ducpétiaux, et nous emploierons six années entières pour la construction d'un seul édifice central, pour celle de douze étables, et la mise en culture de 2,520 journaux seulement; car l'opération si simple du piquage de la graine de pin, dans les 400 journaux que nous établirons en nature de forêt, n'est point un surcroît d'ouvrage digne d'être pris en considération. Nous mettrons donc tout un an de plus pour faire bien moins du quart de ce qu'ont fait nos voisins.

Frais de premier établissement. Nous donnons dans une spécification analogue le détail complet de ces frais. PIÈCE N. 1.

Le plus fort des articles qui y figurent, est l'acquisition des 5,662 journaux de terrains, réunie à la construction de l'asile colonial. Celui de Wortel, dont nous ne pouvons mieux faire que d'adopter le plan, a coûté 78,600 florins ou 165,846 francs ; et le nôtre aura un peu plus d'étendue. Si l'on combine cela avec ce que nous avons dit du prix de nos landes, on s'expliquera la somme que nous avons portée en compte pour cet article, que nous nous chargeons de fournir à forfait à la Société. Un devis régulier établira, à cet égard, nos obligations ; en attendant nous joignons ici, à la fin de la quatrième partie, une seule lithographie de l'édifice.

Il en sera de même des douze étables, pour la dépense desquelles nous nous sommes réglés sur des prix de construction semblables à ceux de Frederiksoord et de Wortel.

Dans le prix auquel nous fournirons le bétail de la colonie, figurent implicitement les intrumens nécessaires à l'exploitation rurale.

La somme énoncée pour l'ameublement de l'asile sera en plus grande partie absorbée par la literie, dont un détail estimatif est joint aux pièces. Le reste consiste en tables, bancs, étagères et chaises, d'un prix peu élevé. PIÈCE N. 2.

Nous pouvons par une évaluation détaillée justifier l'article relatif aux semis de pins.

Les articles du personnel administratif et industriel de la colonie, et des intérêts à payer aux actionnaires jusqu'à ce qu'elle rende ses produits, sont appuyés de deux pièces probantes. PIÈCES N. 3 et 4.

Les autres objets s'expliquent d'eux-mêmes.

A la suite de la spécification se trouve une distribution en six années de toutes ces dépenses de premier établissement. On y voit en détail la marche progressive de la mise en culture. PIÈCE N. 5.

Formation successive de la population coloniale. Un tableau montre cette formation qui sera accomplie dans dix ans, la division des enfans en deux catégories comprenant ensemble dix-sept âges, et l'assimilation de chaque âge à des adultes ou individus faits. Les observations qui suivent ce tableau, suffisent à son intelligence. PIÈCE N. 6.

Taux de la pension des enfans au-dessous de douze ans. Les rétributions payées dans les colonies agricoles de Hollande et de Belgique pour les individus qu'on y admet, varient selon sept à huit cas différens. La comparaison que nous avons dressée à ce sujet, et que nous donnons ici, porte ce terme moyen à 63 francs. C'est ce taux que nous avons adopté. PIÈCE N. 7.

Dépense générale de l'entretien des orphelins de la colonie. L'énomination chiffrée de cette dépense fait aussi l'objet d'un tableau, dont le résultat, quant aux 1,000 enfans au-dessous de douze ans, nous a confirmés dans l'adoption du taux de 65 francs pour la rétribution qu'ils auront à payer. puisque leur entretien complette, absorbe une somme de . . . . 63,000 fr. 00 c. PIECE N. 8.

Celui des 1,000 autres enfans qui ne paient pas de pension coûtera . . . . `. 110,000   00

Ce qui fait pour les deux catégories une dépense totale de 173,000   00

Si l'on compare cette somme avec le montant des frais d'exploitation sur lesquels nous avons dit que se trouverait la subsistance entière des 2,000 enfans, frais qui s'élèvent à . . . 224,907   48

On aura une nouvelle preuve de la largeur de nos bases, puisque la ressource que nous avons consacrée à cette subsistance la dépasse de 51,907   48

Et offre ainsi de quoi subvenir amplement aux frais de culture autres que les salaires et le bénéfice des métayers ou de nos enfans coloniaux qui les représentent.

Nourriture des deux mille orphelins. — Elle consistera en pain de seigle, et en soupe variée quatre ou cinq fois par semaine.

Pour un adulte la ration de pain sera d'une livre et demie, et celle de soupe de deux livres, ce qui forme des quantités supérieures à ce que consomment nos cultivateurs quand ils se nourrissent eux-mêmes.

Ces quantités vont naturellement en décroissant jusqu'au plus bas âge, qui est de quatre ans. Toutefois, elles conserveront proportionnellement la supériorité dont nous venons de parler.

Il y aura dans les soupes quelques onces de pain blanc de pur froment, qui n'exigeront annuellement que 435 hectolitres de cette denrée, tandis que le pain de ration exigera 4210 hectolitres de seigle ; c'est-à-dire que nous demanderons fort peu de froment à nos terres, et que nous sommes de l'avis de ceux qui les croient plus propres à la culture des espèces inférieures.

Rien ne nous paraîtrait plus oiseux que de chercher à justifier l'usage du pain de seigle dans notre colonie. Disons seulement qu'il sera beau et bon, et immensément préférable au pain que mangent actuellement les enfans trouvés.

Ceci s'applique à nos soupes d'une manière bien plus saillante encore.

PIÈCES N. 9. On verra dans un tableau particulier le poids et la dépense de ces deux objets pour les enfans des deux catégories.

Cette dépense peut-être regardée comme un maximum, puisque nous l'avons fait dériver de prix plus élevés que ceux du cours actuel du commerce, tandis que les denrées seront toutes de notre crû, et qu'il n'y aura aucun intermédiaire, aucune cause de renchérissement entre la production et la consommation.

PIÈCES N. 10 et 11. Des sous-détails justifient le prix du pain, et des élémens séparés font voir comment on a formé la composition et le prix des soupes.

A l'appui vient un relevé des denrées premières qu'il faut que la colonie produise pour subvenir à ces deux objets.

Dix-sept fois par an, il y aura des distributions de viande.

PIÈCE N. 12. Viendront auxiliairement les ressources de la pêche maritime qui permettront, au moins deux fois la semaine, d'ajouter à la nourriture un supplément copieux, ou d'y faire de notables épargnes.

Toutes les précautions seront prises pour avoir de la bonne eau, et l'on avisera aux moyens de composer de salubres boissons économiques, en remplacement du vin, dont le docteur Pariset, une de nos sommités médicales et philantrophiques, s'unissant en cela au célèbre Bertham, a déconseillé l'usage.

NOTE 11. Plus tard les fruits des arbres à noyaux et à pepins fourniront au régime alimentaire de nouveaux contingens.

PIÈCES N. 13 et 14. *Habillement et blanchissage.* — Des détails estimatifs appuient encore la dépense relative à ces deux objets ; et ces détails paraîtront mériter toute confiance, dès lors que nous nous chargeons de pourvoir, pour les prix énoncés, à ces parties de service, quelle que soit la manière dont les modèles seront disposés quant à la forme.

PIÈCE N. 15. *Métairies au nombre de deux cent soixante-dix.* — Le plan de finance qui accompagne notre exposé, et qu'il suffit de consulter pour avoir une idée exacte et complète de toute l'opération, fait voir que ces métairies sont un complément de mise en culture, dont la dépense a lieu d'une manière, pour ainsi dire, insensible, au moyen du placement à intérêts composés d'une partie des 60,000 francs de revenu, depuis la septième année jusqu'à la douzième de l'existence de la Société. Il fait voir que ces métairies rendront un revenu de 27,000 francs pendant les huit dernières années, où ce revenu vient augmenter les ressourcs affectées à l'intérêt et au remboursement du capital. Il fait voir que l'établissement d'une de ces petites fermes est évaluée à 1500 francs, somme qui ne saurait être regardée comme insuffisante, puisqu'il ne s'agit que d'une bien modeste habitation à construire et à garnir de bétail, du fourrage, des ustensiles nécessaires ; ces métairies serviront à placer successivement deux cent soixante-dix ménages, et à former un bourg populeux auquel on pourra donner un nom qui rappelle son origine et provoque à l'imitation.

Enfin, rapprochées comme elles le seront du domaine social de 2520 journaux, elles offriront un terme constant de comparaison entre la grande et la petite culture, et un moyen de mieux étudier deux systèmes si souvent controversés.

Valeur présumée des immeubles à partager à l'expiration de la Société. — En présentant l'inventaire de la colonie de Wortel au 31 décembre 1831, M. Ducpétiaux cote ainsi les différens objets dont cet inventaire se compose :

Grand bâtiment ou asile. . . . . 165,846 fr.
Étable isolée. 3,270
Petite ferme pour la batisse seulement, sans terres, meubles ni bestiaux. 1,144
Journal de terre en plein rapport. 414
Journal de pin, plantation de six ans. 282
Valeur additionnelle de chaque journal, eu égard aux taillis qui entourent les champs, et aux arbres et arbrisseaux qui bordent les chemins, après six ans de croissance. 21

Si l'on prenait ces prix pour évaluer les immeubles de notre colonie, lors de la dissolution de la Société, la portion qui tomberait en partage aux fondateurs, s'élèverait à. . . . . 1,163,640 fr.
Et celle qui reviendrait au département irait à. 1,369,316

Non compris les bestiaux, les meubles, les ustensiles que nous n'avons pas évalués, et en nous contentant pour les 400 journaux de terrains en nature de forêt qui aura trente six ans d'existence, d'un prix attribué à des semis de six ans seulement.

Nous ne croyons avoir plus rien à dire pour convaincre de tous les avantages que l'établissement de la colonie agricole assurera aux enfans trouvés, à la Société anonyme et aux fonds départementaux.

Chapitre 7.
Concours du gouvernement comme actionnaire.

Le gouvernement lui-même y trouvera de bien grands sujets de satisfaction, soit en voyant une incessante recrue de mendicité se convertir en un noyau de nouveau peuple, laborieux et libre de tous les vices des anciennes populations ; soit en voyant naître de nouveaux élémens de force nationale, et pour les arts utiles, et pour l'armée, et pour la navigation maritime ; soit en voyant créer un grand surcroît de matière imposable, pour l'augmentation du produit de l'impôt foncier ; soit enfin en voyant un nouveu champ ouvert aux mutations de propriété et aux genres de consommation qui donnent lieu à la perception si productive des autres impôts.

Peut-être que tant de considérations d'utilité publique engageront le gouvernement à prendre part à la Société anonyme, et à souscrire le premier pour un nombre d'actions assorti à l'ampleur de ses ressources et à la sollicitude éclairée dont tous ses actes sont empreints. Et il le pourrait sans rien déranger à l'économie de son budget, sans faire subir aucune restriction à quelque branche de service que ce soit, puisque les actions qu'il prendrait seraient des valeurs circulantes, des valeurs se prêtant comme tous les effets publics à une réalisation instantanée, dès que les besoins financiers le feraient désirer.

Chapitre 8.
Dernières observations ; Conclusion.

Nous ne rêvons ni utopie philanthropique, ni réforme industrielle, ni perfection agricole ; nous ne demandons pas de ces mesures universelles, taillées sur un patron imaginaire, auquel tous les temps, tous les lieux doivent se plier ; sur une *immense quantité* de terres non encore cultivées, nous choisissons une très *petite quantité* reconnue bonne à cultiver ; et sur ce coin de terre, nous appelons des enfans dotés d'une pension, qui non seulement cultiveront, mais encore paieront le fruit de leur labeur. . . . .

NOTE 12.

Avant de laisser notre projet prendre son essor, nous avons consulté tout ce qui avait été écrit et publié sur les landes de Bordeaux, et par des propriétaires praticiens, et par des administrateurs éclairés, et par des savans ingénieurs, et par des botanistes distingués. Tous ont préconisé la propriété qu'avaient ces landes à devenir fertiles, mais fertiles presque partout ou plutôt partout ; lorsque nous, nous ne les garantissons telles que sur le petit espace que nous avons choisi.

NOTE 13.

Nous avons, il est vrai, entendu citer comme un exemple de la difficulté qu'il y a à faire réussir de grands défrichemens dans les landes, les revers d'une société qui, sous la conduite d'un banquier suisse, vint en 1763, acheter, près de la Teste, 40,000 journaux de friches, sur lesquels elle versa infructueusement ses capitaux. Personne mieux que nous ne connaît cette affaire à l'examen de laquelle des circonstances fortuites nous ont appelés. Nous pouvons affirmer qu'avec des actions sociales non placées en grande partie, on avait osé attaquer la mise en culture d'une aussi immense surface, avec le fol espoir qu'elle rendrait ses fruits complets dans l'intervalle de neuf ans ; c'est-à-dire que chaque année, on se flattait d'établir en plein rapport 5000 journaux ; ce qui supposait des moyens d'exécution immenses, lorsqu'on n'en avait que de très restreints. Nous ajoutons que, comme s'ils eussent pris à tâche de rendre plus intense ce vice radical, les agens de la société de *Nezer* ne craignirent pas de se livrer à des spéculations excentriques de canaux, de desséchemens lointains, d'endiguemens, ailleurs que chez eux. Disons aussi qu'à aucune époque la société ne put compléter le placement des actions qu'elle avait émises ; que la condamnation à des peines criminelles d'un des principaux soutiens du crédit mal assuré de la société vint paralyser ses moyens, au moment même où allait s'ouvrir une série de bonnes opérations ; que la mort du chef de la société, arrivée immédiatement après, acheva de tarir ses ressources, dont l'exiguité avait toujours fait contraste avec la grandeur de ses vues primitives ; enfin, qu'une faillite complète ne tarda pas à combler la mesure de tous les désastres que devaient précipiter sur l'entreprise le manque de fonds, le défaut de plan arrêté, la profusion et la superfluité des dépenses. . . . . Et malgré tous ces mécomptes, la société de Nezer n'en a pas moins laissé deux forêts de pins maritimes, dont l'une, de 2000 journaux, a été récemment vendue, pour les produits seulement et sans la propriété, à une compagnie exploitante, pour 600,000 francs, et l'autre de 400 journaux, en tout aussi bon état que la première, qui représente dès lors une valeur de 134,000 francs. Or ces deux sommes réunies sont de beaucoup supérieures aux capitaux versés par la société Nezer, quoique les deux forêts ne soient guère que la vingtième partie de terrains qu'elle avait primitivement achetés ; ce qui prouve que l'on ne peut imputer à la soi-disant ingratitude du sol la déconfiture de l'aventureux et irréfléchi spéculateur suisse.

NOTE 14.

Notre plan à nous est simple, restreint à une petite étendue, concentré dans un seul objet, et éprouvé par une élaboration longue, contradictoire et minutieuse.

Si l'on reconnaît qu'il peut être appliqué à d'autres départemens, ce n'est pas que nous y ayons visé ; car nous avons eu en vue qu'une opération locale ; évitant toute préoccupation au-delà de la banlieue où nous avions pour ainsi dire confiné notre imagination.

Si, encore, ce projet s'accomplit, s'il trouve une honorable imitation, s'il parvient même à se propager dans beaucoup de provinces, alors l'industrie aura trouvé pour long-temps ce qu'elle désire, ce dont elle a besoin : un vaste champ d'activité, un aliment confortatif, une cause de développement et de succès, qui, en faisant affluer vers elle les capitaux existans, donneront, comme nous l'avons dit au commencement de cet écrit, un essor bien plus réel à la prospérité nationale.

DEUXIÈME PARTIE.

NOTE Ire, PAGE 2.

EXEMPLE D'ÉVÉNEMENS IMPRÉVUS, EN FAVEUR DE SOCIÉTÉS ANONYMES.

Une société anonyme s'est formée pour rendre navigable la rivière de Dronne, depuis Laroche-Chalais, département de la Dordogne, jusqu'à Coutras, département de la Gironde, au moyen de chemins de fer fluviaux, invention on ne peut plus ingénieuse de MM. Vesin et Devanne. Depuis la formation de cette société, des usines dont on ne prévoyait nullement l'établissement, se sont érigées sur la rivière canalisée ; des routes dont la construction n'était point non plus présumée, ont été ouvertes et sont venues favoriser l'arrivage à la nouvelle navigation des denrées de l'intérieur du pays : de telle sorte que cette affaire, qui avait été calculée sur un minimum de produits, comme on doit toujours le faire, dépassera de beaucoup les espérances des actionnaires.

NOTE 2, PAGE 2.

AGIOTAGE CONTRE LEQUEL DOIVENT SE PRÉMUNIR LES SOCIÉTÉS ANONYMES.

Dans leurs VUES POLITIQUES ET PRATIQUES SUR LES TRAVAUX PUBLICS EN FRANCE, MM. les ingénieurs Lami, Clapeyran et Flachat ont signalé cette sorte d'agiotage avec cette supériorité de vues et de style qui les caractérise. Ils s'expriment ainsi à la page 9 de leur intéressant ouvrage : « Les projets des travaux publics sont, de la part de ceux qui les conçoivent vis-à-vis des capitalistes, et de la « part des capitalistes vis-à-vis du public, l'objet d'un scandaleux agiotage, où il se déploie autant de fraudes et de ruses que dans le « plus hardi jeu de bourse. »

« Pour l'auteur du projet, l'objet important est de s'assurer sa part industrielle, afin de l'escompter le plus habilement possible ; « puis de démontrer aux banquiers, non pas que l'affaire est bonne, mais qu'il est possible de la faire paraître bonne ; car, pour les « banquiers aussi, la véritable question n'est pas dans l'utilité et la bonté de l'affaire, mais dans la possibilité d'en écouler les actions ; « on appelle cela *répartir les risques*, les rendre insensibles en les faisant partager au plus grand nombre possible. »

« Des parts industrielles et des commissions ; c'est à la marge que présente, sous ce point de vue, une entreprise de travaux « publics que se mesure *le bon sens financier* ; c'est par là qu'elle s'exécute ; et l'on dit que *le bon sens public* l'a acceptée, quand tout le « capital en est répandu dans une masse d'actionnaires, tous parfaitement étrangers à l'entreprise, y participant sur la foi des maisons « de banque qui la présentent, et ne s'inquiétant même pas si ces maisons y ont conservé un intérêt égal à celui du plus faible « d'entre eux. »

NOTE 3, PAGE 2.

SUR L'EXPLOITATION DE LA FORÊT DE TEICH OU DE NÉSER.

MM. Foumard, oncle et neveu, dont le mérite, comme agriculteurs et industriels, est justement apprécié, avaient acheté, à une lieue de la Teste et non loin du Bassin d'Arcachon, une forêt de pins maritimes de 2000 journaux bordelais (dont 3 132/1000e font l'hectare), et proposé à des capitalistes de leur fournir des fonds pour l'exploitation, sous la forme d'une société anonyme. Ces capitalistes choisirent l'un des auteurs du projet de la colonie agricole pour examiner la forêt, en évaluer les produits et présenter une discussion critique sur le mode d'exploitation. Il démontra, dans un rapport technique très étendu, qu'en faisant de cette exploitation l'objet d'une ferme, l'on devait trouver à passer un bail annuel de 80,000 francs nets, pendant quinze ans. Ce travail rencontra beaucoup d'incrédules ; mais d'ultérieures vérifications contradictoires lui acquirent une confiance telle, que la compagnie anonyme s'est formée et que le bail a été passé. Nous voulons parler de la forêt du Teich, plus connue sous le nom *de forêt de Néser*, et dont il est question encore au chapitre 8 de la deuxième partie du projet. Quant à la société même, on peut en voir les statuts au bulletin des lois, à la suite de l'ordonnance royale du 16 septembre 1832.

NOTE 4, PAGE 2.

CANALISATION DES LANDES DE GASCOGNE.

Il s'agit ici de l'honorable maison Balguerie et compagnie, qui a fait au gouvernement des offres pour construire dans les landes du Golfe de Gascogne le grand canal qu'a projeté M. Deschamps, inspecteur des ponts et chaussées, et dont la dépense sera de plus 27 millions. Ce canal, dont le but principal est de procurer un écoulement facile aux eaux surabondantes qui inondent les landes, les rendent insalubres et portent obstacle à la culture, servira aussi de moyen de transport économique pour tous les produits de cette contrée, qui, faute de voies de communication, sont aujourd'hui comme sans valeur. Il n'est dans tout le pays aucun bon esprit qui ne fasse des vœux pour l'accomplissement d'un projet qui couronnerait tout ce que le savant auteur du pont gigantesque de Bordeaux a déjà fait d'utile et de grand, qui compléterait les titres que M. Balguerie et compagnie possèdent dès à présent à la gratitude de leurs concitoyens pour tous les établissemens d'utilité publique et privée dont ils ont été ou les promoteurs ou les appuis.

NOTE 5, PAGE 2.

ÉCRITS PUBLIÉS SUR LES COLONIES AGRICOLES D'INDIGENS.

Par le général hollandais Van den Bosc ; *Verhendeling des General Major's*, etc. : *Traité sur la possibilité de former de la manière la plus avantageuse un établissement pour les pauvres des Pas-Bas* (1816).

Par le baron de Keverberg : *Mémoire sur la colonie agricole de Frederiksoord, établie en Hollande en 1818* (1821).

Par le baron d'Haussez, préfet à Bordeaux : *Des Colonies d'indigens et des moyens d'en établir sur les landes du département de la Gironde* (1826).

Par le chevalier de Kirchhof : *Relation d'un voyage fait à la colonie de Frédériksoord et ses succursales* (1827).

Par M. Moreau de Bellaing : *Notion sur ces établissemens et ceux de la Belgique* (1827).

Par M. Edouard Mary : *Faits constatés dans la visite qu'il a faite de ces colonies* (1828).

Par M. Jacob, contrôleur-général des mercuriales d'Angleterre : *Observations sur les avantages qui résultent de la culture des terres de qualité inférieure pour le travail des pauvres* (1828).

Par M. Soubeyran, de Londres : *Notice sur les observations qui précèdent* (1829).

Par MM. Léopold de Bellaing et Eugène de Montglave : *Vues pratiques sur les colonies d'indigens* (1829).

Par le comte de Villeneuve, préfet de Nantes : *Mémoire sur l'établissement de colonies d'indigens dans les landes de la Bretagne* (1829).

Par M. de Rivière : *Mémoire sur les colonies du même genre* (1829).

Par le comte de Tournon : *Rapport à la Société royale et centrale d'Agriculture sur plusieurs des mémoires qui précèdent* (1830).

Par le comte de Vaudreuil : *Mémoire sur les meilleurs moyens de mettre en valeur les terres en culture et de prévenir les émigrations des campagnes vers les villes* (1830).

Par le baron de Sylvestre : *Mémoire sur les meilleurs moyens de former des colonies agricoles* (1830).

Par M. Henri Fonfrède : Plusieurs articles marqués au coin de sa supériorité accoutumée, dans le journal intitulé : L'INDICATEUR DE BORDEAUX, sur les causes de la mendicité et les vrais moyens de l'extirper.

Par plusieurs anonymes : Divers articles insérés au journal de Bordeaux, appelé le *Kaléidoscope*.

Par le baron de Ferrussac : Plusieurs analyses dans son *Bulletin universel*.

Par M. Huerne de Pommeuse : *Des colonies agricoles et de leurs avantages*, principalement pour la France (1832).

Par M. Girard, de l'Académie des Sciences : *Rapport* sur cet important ouvrage (1832).

Par M. Ed. Ducpétiaux, inspecteur-général des prisons et des institutions de bienfaisance de la Belgique : *De la Situation actuelle des colonies agricoles en Belgique* (1832).

Par M. Ch. Fourier : *Théorie universelle du Mouvement* et plusieurs articles de lui et de ses disciples dans le *Phalanstère* (1831, 1832 et 1833).

Par le comte Emile de Girardin : Une foule d'articles instructifs concernant les colonies a5ricoles d'indigens, ou des établissemens analogues, dans le précieux *Journal des Connaissances utiles* (1832 et 1833).

Par MM. de Beaumont et de Jacqueville : *Du Système pénitentiaire des Etats-Unis et de son application en France* (1833).

NOTE 6, PAGE 6

PRODUIT DU TRAVAIL DES INDIGENS DANS LES MAISONS CENTRALES DE DÉTENTION.

Pour montrer de quelle importance peut être le produit du travail accessoire des treize cent soixante-quinze adultes que représentent les deux mille enfans trouvés de la colonie proposée, nous citerons le rapport fait à la Société royale des prisons par le Ministre de l'intérieur (M. de Martignac) pour l'année 1827. L'on y voit que le taux moyen de la journée du travail des détenus dans les dix-neuf maisons centrales du royaume a été de 33 centimes. Et les rapports pour les années subséquentes montrent que ce taux s'est élevé depuis à 4 centimes de plus. Le Ministre faisait observer que plus la détention était longue, plus aussi le détenu gagnait par jour, parce que la pratique le rendait plus habile et plus expéditif. Or, la durée moyenne de la détention dans ces prisons est de cinq ans, d'où l'on doit conclure que les sujets coloniaux, dont le séjour à l'asile sera l'un dans l'autre de douze ans, élèveront bien plus haut leur salaire. En ne le portant qu'à 40 centimes on ne hasarde donc rien ; et pour les cent jours dont il est ici question, le produit du travail des treize cent soixante-quinze adultes n'en serait pas moins un objet de 55,000 fr. par an.

NOTE 7, PAGE 0.

NATURE FERTILE DES LANDES ANALOGUES, MAIS INFÉRIEURES, A CELLES D'ANDERNOS.

A l'appui de cette fertilité, on lit à la page 7 de l'excellent Mémoire de M. Desbiey, couronné par l'Académie royale de Bordeaux en 1776, ce passage relatif à la partie des landes dont nous avons parlé, qui n'est point encore cultivée : « Ce « terrain n'est rien moins qu'infertile de sa nature : les lits d'argile y sont plus fréquens, les terres de couche végétale plus épaisses, « les bancs de tuf ou d'alios plus rares que dans le reste des grandes landes. Partout où l'industrie a su détruire ou même diminuer les causes de cette inertie accidentelle, ces landes ont produit des vignobles, des grains, des fourrages, des arbres et des « fruits. »

A la page 51 du même ouvrage, il est dit : « L'usage des jachères n'est pas connu dans les landes ; les terres destinées à la culture des grains n'y reposent jamais. *Celles sur lesquelles on n'a pu répandre des engrais portent, au moins une fois chaque année, ou « du seigle, ou quelque espèce de menus grains.* Les autres munies d'engrais suffisans au moment où les seigles vont être semés, donnent deux récoltes annuellement, l'une de seigle, l'autre de blé d'Espagne, de panés, ou de millet. Quelques-unes rapportent « même jusqu'à trois fois dans la même année, c'est-à-dire, du seigle au mois de juin, des petites fèves vers la mi-septembre, du « blé d'Espagne, panés, ou du millet à la fin du même mois, ou au commencement d'octobre. Ce système d'agriculture particulier « des habitans des landes, et si contraire à tout ce qu'ont écrit sur cette matière nos philosophes et nos savans économistes, est ce- « pendant justifié par une expérience immémoriale et par des succès toujours constans. »

NOTE 8, PAGE 9.

THÉORIE DU COMTE DEPÈRE, POUR PRÉJUGER LE REVENU DU DOMAINE COLONIAL.

Cet agronome, d'autant plus digne de confiance que de constans succès ont justifié ses préceptes dans ses propriétés des Landes, donne, à la page 573 de son ouvrage, l'état suivant *du produit d'une ferme ou métairie de quarante-cinq journaux bordelais*, cultivés d'après son système.

1° *Distribution du terrain.*

« 1 Prairies naturelles, permanentes et artificielles sédentaires.	15	journaux.
« 2 Biennales, trèfle ou chicorées	5	»
« 3 Annuelles.	5	»
« 4 Racines et choux	5	»
« 5 Froment.	10	»
« 6 Maïs, plantes légumineuses, filamenteuses et oléagineuses.	5	»
« 7 Doubles récoltes pour mémoire.	45	»

2° *Bestiaux.*

« 1 4 Vaches partières et le croît.	4	têtes.
« 2 1 Attelage de 2 bœufs de 5 à 6 ans, propres à engraisser.	2	»
« 3 1 » de 4 à 5 ans.	1 1/2	»
« 4 1 » de 3 ans.	1	»
« 5 1 Paire de jeunes bœufs de 2 ans.		
« 6 1 Paire » d'un an.	1	»
« 7 2 Veaux de 6 mois.		
« 8 1 Vedelle de 6 mois ou 1 an	1	»
« 9 1 Génisse de 2 ans.		
	10	têtes

« 10 50 Bêtes à laine, sans paturage. . . . . Report 10 têtes.
« 11 1 Truie, 8 cochonneaux, 8 cochons à engraisser. . . . . 5 »
                                                                                                           3 »

                                                                                                          18 têtes.

« 30 journaux de prairies de toutes nature, non compris la paille, les doubles récoltes fourragenses, le gland, les feuilles et les
« fruits des arbres, fourniront la subsistance nécessaire pendant toute l'année à 18 têtes de bétail ; le plus souvent à un plus grand
« nombre.

3° *Fumier.*

« 18 têtes de bétail donneront pour l'ordinaire 16 voitures de fumier chacune, ou 288 voitures en tout.
« Une ample fumure à donner à 15 journaux, ou à la moitié des terres labourables, chaque année, en emploiera 240 voitures.
« Resterait 48 voitures, non compris l'augmentation résultant des bestiaux à l'engrais, etc., pour répandre sous forme poudreuse
« ou liquide sur les prairies et les plantes en végétation.
« Cette quantité d'engrais, répandue tous les ans sur le terrain, devra lui donner une fertilité progressive, qui permet d'en cal-
« culer les produits sur le pied des terres les plus productives.
« On peut donc espérer de 10 journaux de terre 160 quintaux de froment, et, semence prélevée, 150 quintaux
à 10 francs le quintal. . . . . 1,500 fr.
« Sur 5 journaux de plantes légumineuses, oléagineuses, filamenteuses, mais un produit égal à une récolte de froment
ou de. . . . . 750 »
« Une paire de bœufs gras, 1 vieille vache, veaux, laitage. . . . . 1,200 »
« La toison de 50 bêtes à laine, de race d'espogne, ou métisses, perfectionnées, les moutons, agneaux, vieilles brebis,
« le produit calculé sur le pied de 20 fr. par tête. . . . . 1,000 »
« 8 Cochons gras par an. . . . . 800 «
« Volailles. . . . . 200 »

                                                                                  Total. . . . . 5,450 fr.

« Produit des doubles récoltes, accroissement probable du nombre des bestiaux, produit des abeilles dont chaque
« métairie devrait posséder 20 à 25 ruches pour mémoire.
« Frais d'exploitation, contribution, entretien des bâtimens, cas fortuits, bénéfice du fermier ou métayer. . . . . . 3,650 fr.

« Reste pour produit net de la rente ou loyer. . . . . 1,800 fr.
« Ou 1/3 du produit brut pour le propriétaire. Dans ce cas, le terrain pourrait se louer sur le pied de 40 fr. et 50 fr. le journal, quitte
« de toutes charges.

NOTE 9, PAGE 9.
RÉSULTATS OBTENUS EN HOLLANDE ET EN BELGIQUE.

Dans son important ouvrage, pages 62 et suivantes, M. Huerne de Pommeuse présente ainsi « *l'excédant des produits sur les dépenses*
« *dans les colonies des Pays-Bas.*
« Par suite des bons effets qui résultent du concours des défonçages périodiques, de l'abondance et de la nature des engrais, l'expé-
« rience a constaté que les produits moyens pouvaient être évalués, ainsi qu'il suit, pour chacune des petites fermes (de 3 hectares 1/2
« ou 10 journaux bordelais).
« 400 Boisseaux de pommes de terre. . . . . 422 fr. 00
« 40 Boisseaux de blé ou de seigle. 135 04
« 60 Boisseaux d'orge. 177 24
« Légumes du jardin. 52 75
« Produit de 2 vaches. 211 00
« Gagné à filer. 211 00

« Total des produits. 1,209 03

« Voici par contre l'évaluation des dépenses annuelles d'une famille composée, soit de 6 personnes d'un âge mûr, soit de 6 enfans au-
« dessus de 6 ans et de 2 personnes d'un âge mûr.
« 150 Boisseaux de pommes de terre pour manger. . . . . 158 fr. 25
« 20 Boisseaux de pommes de terre pour planter. 21 10
« 48 Boisseaux de pommes de terre, 20 boisseaux de farine d'orge, et achat de 2 cochons pour engraisser. . . . 130 82
« 5 Boisseaux de seigle pour semer. 16 88
« 5 Boisseaux d'orge. 141 77
« 60 Aunes de toile. 63 30
« Achat d'étoffes communes en laine pour vêtemens. 75 90
« Façon d'habillemens. 27 43
« Consommation de pain, beurre, huile ou chandelles, et autres petits objets. 384 02
« Rente ou loyer annuel payé à la Société. 105 50

« Total des dépenses. 998 03

« L'excédant des produits sur la dépense est donc de 211 fr.
« On peut dès lors observer que le profit net du colon étant de. 211 fr. 04
« Après avoir payé à la Société un loyer annuel de. 105 50

« Il convient d'ajouter ensemble ces deux sommes pour former l'intégralité de 3 hect. 1/2, qui se trouve ainsi porté à 316 54
« Ce qui fait 91 fr. 59 cent. par bonnier ou hectare (ou 31 fr. 65 cent. par journal).
NOTE 10, PAGE 11.
PRODUITS DU DOMAINE COLONIAL JUSTIFIÉ PAR CE QUI A LIEU DANS LES LANDES MÊMES.

C'est aux semis de pins que l'on réserve dans les landes les plus mauvais terrains, et l'on va voir pourtant, par un extrait de
l'ouvrage couronné de M. Desbicy, le parti qu'on peut tirer de ces sortes de terrains. « Je m'aperçus en 1768, dit-il à la page 38,
dans l'un des biens paternels que je possède dans les landes, que j'avais trop peu de terres labourables, relativement à l'étendue
« de mon Pignada. J'imaginai qu'en établissant une petite métairie, j'acquerrais quelques bras de plus, et partageant ensuite l'ex-

« ploitation de mon Pignada, il serait mieux suivi et produirait d'avantage. Je choisis, à l'une des extrémités du Pignada, l'endroit
« qui était le moins garni de pins et où se trouvait un mauvais taillis de chêne noir, rabougri. J'en fis clore 2 journaux 1/4 (1 hect.
« 6 ares) que je fis défricher avec soin. On brûla sur le sol toutes les racines. Après avoir fait herser ce défrichement, je fis répan-
« dre 1 boisseau 1/2 (1 hect. 2 décalitres) de seigle, SANS AUCUNE ESPÈCE D'ENGRAIS, quoique le sable dominât dans la qualité du ter-
« rain, et je fis labourer à grand sillons selon ma méthode.
« La récolte produisit, en 1769, 45 boisseaux (36 hectolitres 2 décalitres) de seigle, c'est-à-dire, 30 pour un. La même année, ce
« même terrain produisit une seconde récolte de 29 boisseaux 1/4 (24 hectolitres) de menus grains, en millet et en panés. Depuis
« ce temps (8 ans), la moindre récolte a donné 37 boisseaux de seigle et du menu grain en proportion; mais ordinairement ces
« 2 journaux 1/4 de terre labourable donnent par an 41, 42, 43 boisseaux de seigle, et du menu grain aussi en proportion pour la
« seconde récolte. »
Plus loin, l'auteur fait observer que le journal dont il parle, est de 1,936 toises carrées, équivalant à 73 ares 57 centiares, tandis
que le journal bordelais n'a que 31 ares 93 centiares. Ce dernier rapporterait donc, d'après ces données, 6 hectolitres 1/2 de seigle
et 4 hectolitres 1/2 de menus grains, qui ne peuvent être estimés à moins de 110 fr., en comptant le seigle à 12 fr. et les mêmes
grains à 7 fr. Or, en retranchant de ce produit brut deux tiers pour frais et charges de culture quelconque, soit 72 fr. 27 cent.,
le produit net est de plus de 37 fr., tandis que le produit des colonies des Pays-Bas, que nous avons adopté pour la base de nos calculs, n'est que de 31 fr. 65 cent. Et l'on voudra bien remarquer que les 37 fr. obtenus par M. Desbiey sont le fruit d'une mauvaise
lande, dépourvue d'engrais, lorsque les landes de la colonie proposée sont de bien meilleure qualité et que les engrais y seront ré-
pandus avec profusion. On remarquera aussi que, de plus que M. Desbiey, nous aurons le travail accessoire des sujets de la colonie, le
produit des bois résineux, des ruches à miel, de l'accroissement du Chaptel, etc., etc. Et l'on sera dès lors intimement convaincu que
ce que nous avons dit vouloir réaliser, ne sera qu'une imitation de ce qui s'obtient depuis long-temps dans les landes, et une imitation bien facile, puisque nous n'avons pas même la prétention de nous élever à la hauteur des exemples vulgaires, si le mot n'est
pas impropre, que nous offrent le passé et le présent.

NOTE 11, PAGE 12.

CULTURE DE LA VIGNE DANS LES LANDES.

L'on a vu, à la 7ᵉ note, que les landes se prêtent aussi à la culture de la vigne; et sous ce rapport, si les doctrines des deux savans que nous avons cités, paraissaient trop sévères, nos sujets coloniaux pourraient au bout de quatre à cinq ans recevoir des distributions de vin de notre propre crû. Des localités qui ont une parfaite analogie avec celles d'Andernos, et notamment les territoires
de Gujan et du Cap-Breton, ont vu, à une époque encore contemporaine, se former sur les bords de la grande et de la petite mer de
beaux et bons vignobles dont les produits entrent déjà dans le commerce à des prix très avantageux. A cette occasion, nous
transcrivons une notice très bien faite, de M. Bartrol du Cap-Breton, sur le vignoble qui y est en pleine prospérité.
« Il existe au Cap-Breton, bourg du département des Landes, situé sur la plage qui borde la mer, un vignoble qui rapporte
« quatre à cinq cents barriques d'un vin très estimé, connu sous le nom de vin de sable.
« La culture de ce vignoble est simple, et ne s'écarte des méthodes générales que par quelques exceptions commandées par les
« localités et la nature du sol.
« En automne, on arrache les échalas, et on coupe les extrémités des sarmens, à l'exception d'un par souche. Cette opération se
« fait non par principe de culture, mais parce que, le pays étant pauvre de bois, on se sert de celui de la vigne pour le chauffage
« de l'hiver.
« On ne reprend les travaux qu'à la cessation des gelées. On les commence en rapportant sur la moitié du terrain vignoble une
« couche de sable de quatre pouces d'épaisseur que l'on se procure facilement. La seconde moitié est destinée à un autre procédé :
« on ouvre un fossé de 6 pouces de profondeur et de 8 pouces de largeur, dans lequel on couche la souche; on y met un peu de
« fumier et on nivelle, en laissant ressortir le sarment resté seul. Ce provignage est alterne.
« Dans l'opération de la taille, on conserve un sarment recourbé qui a trois à six boutons, et, lors du développement de la végé-
« tation, on ne laisse s'élever qu'un bourgeon; les autres sont brisés à trois feuilles au-dessous de la dernière grappe: les bourgeons
« sont arrachés; on effeuille ceux qui sont restés; on les lie à l'échalas, et on les groupe ensuite dans chaque rang pour les garantir de
« la brûlure. Enfin, on effeuille de nouveau et on sarcle dès que la fraîcheur des nuits et l'approche de la vendange rendent cette
« opération nécessaire à la maturité de la récolte.
« La portion qui n'est pas provignée, est cultivée l'année alterne de manière à produire un jet assez vigoureux pour être couché en
« terre au mois de mars suivant.
« Nous ajouterons que les bases sablonneuses qui bordent la mer, étant presque partout abandonnées et sans valeur, pourraient, par
« cette utile destination, augmenter la richesse de plusieurs de nos départemens de l'Ouest, et arrêter ainsi par cette première ligne
« de végétation et les soins que comporte la culture, la marche des sables qui semblent déjà vouloir envahir les Landes et la
« Gironde. »

NOTE 12, PAGE 13.

QUELQUES ÉCRITS PUBLIÉS SUR LA MISE EN CULTURE DES LANDES DE BORDEAUX.

1762. — *La France agricole et marchande*, où l'on trouve des considérations sur les productions dont sont susceptibles les Landes.

1776. — *Mémoire sur la meilleure manière de tirer parti des landes de Bordeaux*, qui a remporté le prix décerné en 1776, au juge-
ment de l'Académie de Bordeaux, par Desbiey, receveur des fermes du roi, à la Teste, et propriétaire de landes sur le bassin
d'Arcachon.

1800. — *Mémoire sur les dunes du Golfe de Gascogne et les moyens de les fixer*, par Brémontier, ingénieur des ponts et chaussées.

1806. — *Manuel théorique et pratique d'agriculture pour les landes de Bordeaux*, par le comte Depère, membre du Sénat conservateur, possédant de grand domaines dans cette contrée.

1810. — *Observations sur les engrais des terres dans le département des Landes*, par M. Geoffroy père.

1810. — *Promenade sur les côtes du Golfe de Gascogne*, par Thore, médecin, qui y donne des détails sur les produits des landes.

1812. — *Coup d'œil rapide sur les landes*, par le même.

1820. — *Du défrichement et de la plantation des landes et bruyères*, par Trochec.

1826. — *Études administratives et agricoles sur les landes de Gascogne*, par le baron d'Hausset, préfet du département de la
Gironde.

1826. — *Les Landes en 1826, ou Esquisse d'un plan général d'amélioration des landes de Bordeaux*, par J.-B. Billaudel, ingénieur
des ponts et chaussées. Jusqu'alors on n'avait rien vu d'aussi bien pensé, ni d'aussi bien écrit sur ce pays.

18   . — *Mémoire sur les landes de Bordeaux*, par M. Vigne, opuscule aussi instructif que son titre est modeste.

1832. — *Des travaux à faire pour l'assainissement et la culture des landes de Gascogne, et des canaux de jonction de l'Adour à la
Garonne*, par C. Deschamps, inspecteur-général des ponts et chaussées. Comme tout ce qui émane de ce savant ingénieur, cet
ouvrage se distingue par la hauteur des conceptions, le patriotisme des vues et l'habileté dans le choix des moyens d'application.

1833. — *Rapport au conseil d'arrondissement de Bordeaux, sur la colonisation des landes, proposée par M. Deschamps*, par M. de

Sauvage, membre de ce conseil. On y trouve des notions précieuses sur ce que les landes produisent déjà, et sur le parti bien plus avantageux qu'on pourrait en tirer.

1833. — *Exposé fait dans le sein de la commission d'enquête, relative à cette colonisation*, par M. L.-Em.-H. Gaullicar-l'Hardy, membre de la commission. Travail d'un grand intérêt, surtout par les détails qu'il renferme sur la culture des landes, et les productions de toute espèce dont elles sont susceptibles.

L'Ami des champs, journal d'agriculture et de botanique du département de la Gironde, rédigé par M. Laterrade, professeur de botanique.

Mémoire de l'Académie royale de Bordeaux, publié, chaque année, aux frais de cet institut.

Dans ces deux dernières publications, on trouve une infinité d'articles aussi instructifs qu'élégamment dits sur les Landes, par MM. *Billaudel, Cambon, Clavé, Dargelas, Deschamps, Guilhe, Jouannet, Latterade, Léopold, Vignes*, et tant d'autres membres de l'illustre compagnie, qui honorent les sciences, les lettres et les arts.

NOTE 13, PAGE 13.

CONCORDANCE DE TOUS LES AVIS EN FAVEUR DU PROJET PROPOSÉ.

Les écrits que nous venons de désigner, s'accordent à attribuer à toutes les landes de Gascogne la propriété de pouvoir être avantageusement mises en culture, sauf de très petites portions; et ces landes ne comprennent pas moins de 600,000 hectares. Parmi ces écrits nous en citerons deux, celui de M. l'inspecteur-général Deschamps, et celui de M. de Sauvage, parce que ce dernier a pour objet de réfuter, même sous le rapport de la fertilité du sol, les assertions du premier; et que, nonobstant cette tendance, il fait ressortir les avantages qui attendent, dans ce pays, toute entreprise agricole un peu bien combinée.

En imputant aux eaux qui manquent d'écoulement l'état improductif d'une grande partie des landes, M. Deschamps dit : « Partout, « où le relief du terrain en favorise l'évaporation, les produits y sont aussi abondans et d'aussi parfaite qualité que dans les contrées « les plus favorisées par le climat et la nature du sol. »

Voici comment M. de Sauvage s'exprime à l'occasion de ce passage : « Les développemens qui se trouvent dans l'ouvrage de « M. Deschamps semblent impliquer qu'il considère toutes les landes à peu près également fertiles, tandis qu'il est reconnu, en pratique, « que la fertilité des landes varie dans le rapport d'un à six, et que quelques-unes de leurs parties sont complètement rebelles à la « culture. La seule raison se refuse d'ailleurs à admettre seulement la supposition que le terrain des landes puissent jamais pro- « duire, *en qualité et en quantité*, ce que produisent les terres de la plaine d'Aigrillon, » (celle où croît le plus abondamment, le plus beau et le meilleur tabac de France).

Pour assigner exactement la place que doivent tenir les landes dans l'échelle des terrains productifs, M. de Sauvage dit, à un autre passage de son mémoire : « Un domaine de 1000 hectares, DANS QUELQUE ENDROIT DES LANDES QU'IL SOIT PLACÉ, étant soutenu « par des capitaux nécessaires, donnera, s'il est conduit par un *cultivateur* judicieux, un revenu satisfaisant, soit en BESTIAUX, en « laine, soie, miel, bois d'œuvre et produits résineux, qui sont l'aliment des marchés de Bordeaux, de la Teste, et de Dax et d'une « exportation; tandis que ce même domaine, distribué par petites portions à des cultivateurs des landes tels que nous en voyons « aujourd'hui, ne donnera que quelques misérables récoltes de seigle et de millet, à peine suffisantes pour la subsistance de ses « habitans, etc. »

Ce passage qui prédit tant de succès à la grande culture dans les landes, et, par conséquent, à notre colonie, est d'autant plus remarquable, qu'il émane d'un propriétaire aussi éclairé que judicieux, et qui peut se placer à la tête de ceux (dit-il lui-même un peu plus loin), « qui ayant, durant une suite d'années, obtenu des produits par des travaux pénibles et difficultueux, exécutés à « leurs risques et périls, doivent être consultés de préférence. »

Nous savons qu'au nombre des productions qui ne peuvent manquer de réussir dans les landes, sont les mûriers pour l'éduction des vers à soie, la garance qui y croît spontanément, le chanvre qui y vient bien mieux que le lin, pour lequel les habitans ont, une prédilection mal réfléchie, enfin le phitolaua, de toutes les plantes la plus vivace peut-être, et certainement la plus riche en alcali. Mais, pour les premiers temps au moins, nous ne sortirons pas du cercle de culture que tracera la simple consommation de la colonie; toute notre tendance, comme nous l'avons déjà dit, sera vers le produit des bestiaux. Il y aura en cela bien peu de gloire pour nous; mais il y aura de la sûreté pour les actionnaires, et on ne nous en voudra pas de la rechercher avant tout.

NOTE 14, PAGE 13.

TRAVAIL ARATOIRE QU'EXIGENT LES DÉFRICHEMENS.

Ces défrichemens, au surplus, n'ont rien de fort difficile ni de fort dispendieux, quant aux opérations manuelles qu'ils exigent. Nous pourrions citer en cela notre propre expérience; mais nous aimons mieux nous appuyer encore de l'autorité, si prépondérante, de l'auteur du mémoire couronné par l'Académie de Bordeaux. Voici comment il s'exprime à la page 47 de cet écrit, auquel près de soixante années de suffrages, toujours unanimes, ont donné une si honorable sanction. « J'entends aussi parler des landes sur les- « quelles on se serait contenté de faire donner un premier coup de soc à petits sillons, à l'aide d'une ou de deux paires de bœufs attelés « à une avaire, armée d'un soc qui soit fort et d'une belle largeur à l'aile pour couper la terre horizontalement, et qui soit précédé « d'un coutre dont la pointe joigne celle du soc. Ce genre de défrichement n'est pas praticable dans les lieux couverts bois; mais il « n'est ni brande, ni genêt épineux, ni aucune autre espèce de plante ou d'arbuste, qui puisse résister à l'action de soc, traîné par « deux paires de bœufs bien conduits et bien commandés. »

« On peut se servir du même moyen pour défricher les landes destinées à la culture des graines de première nécessité; mais alors « on fait passer des herses, armées de fortes chevilles de fer toutes droites, sur un premier labour taillé bien menu, en croisant « d'abord les sillons et en recroisant en suite le travail de ces herses. Cette seconde opération finie, on attelle les bœufs à d'autres « herses à palettes aussi de fer, qu'on fait repasser sur le travail des premières, pour ramasser les menus bois détachés, dont on fait « des monceaux que l'on brûle. Après cela, on relaboure dans un sens opposé à celui des premiers sillons; on herse de nouveau avec la « herse à palettes qui achève de ramasser toutes les petites racines qui auraient échappé au premier travail. On en fait des tas de « distance en distance; on les fait aussi brûler; on répand leurs cendres avec soin et puis l'on sillonne pour semer l'espèce de grain « qu'on juge le plus convenable à la terre. »

« Quand on fait défricher des landes à la bêche avec ce même soin, il en coûte d'abord 75 livres pour la façon de bêche. Il faut « ensuite, à nouveaux frais, faire nettoyer cette terre, la faire herser et labourer. Les coups de bêche, qui sont peu uniformes et peu « profonds, laissent encore dans le premier labour un ouvrage très pénible pour une seule paire de bœufs; et il n'y a pas de « journal, ainsi travaillé, qui ne coûte plus de 100 livres avant qu'il ne soit ensemencé. Avec l'autre méthode, au contraire, « l'entier défrichement d'un journal de landes, proprement dites, ne coûterait pas au-delà de 50 livres à un propriétaire qui « aurait chez lui des bœufs et des gens à gages. »

Le journal dont M. Desbicy parle est de 1936 toises carrées; or, comme le journal bordelais, qui est celui que nous avons adopté pour nos calculs, n'en a que 836, le défrichement de 2,520 journaux dont se compose le domaine colonial ne coûterait que 54,794 fr.; et nous avons dans les ressources affectées aux frais de premier établissement une marge beaucoup plus grande.

TROISIÈME PARTIE.

PIÈCES JUSTIFICATIVES.

PIÈCE N° 1.

SPÉCIFICATION, *par nature de dépenses, des sommes composant le capital nécessaire pour subvenir pendant six ans aux frais de premier établissement de la colonie agricole d'enfans trouvés dans les landes du département de la Gironde, à Andernos.*

1. Achat de 5,662 journaux bordelais de landes des plus propices à la calture et à la salubrité, et construction de l'asile colonialdestiné à loger 2000 enfans et adultes, ensemble. . . . . 245,000 fr.
2. Ameublement de cet asile. 60,000
3. Métiers à tisser et autres outils quelconques. 15,000
4. Plantation de 400 journaux en nature de forêt de pins, avec bordures d'essences propres au charronage, à 14 fr. 40 c. 5,780
5. Achat de 500 têtes de gros bétail ou de leur équivalent en petit bétail, pour mettre en culture un corps de domaine de 2,520 journaux, à 406 fr. 25 c. l'une, fourage d'une année et ustensiles aratoires compris 203,125
6. Construction de 12 étables, réparties sur les différens points du domaine. 54,000
7. Affectation de 2,700 journaux à 270 métairies de 10 journaux chacune, qui seront affermées à des ménages résultant d'unions conjugales entre les colons devenus majeurs, pour mémoire
8. Gages et nourriture de 30 valets, bouviers ou laboureurs pendant 6 ans, à 300 fr. 54,000
9. Traitement et nourriture de 2 instructeurs agricoles conduisant les travaux, pendant 6 ans également. 12,000
10. Partie des appointemens du personnel de l'administration coloniale, l'autre partie étant supportée par la masse des pensions des enfans au-dessus de 12 ans, même durée de 6 ans. 69,815
11. Dépenses imprévues 21,300
12. Honoraires des auteurs du projet pour les soins à donner à la réalisation d'une Société anonyme, la direction de tous les travaux de premier établissement, et la conduite de toutes les parties de l'opération jusqu'à la fin de la 6e année, 5 p. 0/0 des sommes ci-dessus, payables au fur et à mesure de l'avancement des travaux. 37,000

13. Total. 777,000
14. A déduire le produit des portions de 2,520 journaux, mis successivement en culture pendant les 5 première années 150,000

15. Reste à fournir. 627,000
16. A quoi il faut ajouter, pour servir les intérêts de ce reste pendant les 6 ans que dureront les travaux de construction, de mise en culture et d'organisation 173,000

17. Total récapitulatif du capital à verser par les actionnaires. 800,000 fr.

PIÈCE N° 2.

ÉVALUATION *des dépenses de couchage à la colonie agricole d'Andernos.*

Pour 1 lit.

Couchette	4 fr.	00
Sangle.	2	00
Matelat	15	00
2 draps ou un sac	3	00
Moitié en sus pour rechange .	1	50
Couverture	12	00
Traversin	1	00
Total.	38	50

Montant de la dépense.

750 Lits à 2 personnes ou enfans 1,500.
500   » à 1   »   »   »   500.
25   » à 1   »   pour les surveillans et contre-maîtres.
50   » à »   »   pour l'infirmerie.

1325 lits. . . . . à 38 fr. 50 c.   51,012 fr. 50

En renouvellant ces objets une fois pendant la durée de la Société, cela fera une dépense annuelle de.   1,648   98
Moitié en sus pour l'entretien   824   49

2,473   47

Observation. Aux prix ci-dessus on pourra fournir des couchettes ordinaires, des galiottes, des hamacs, des caisses ou des abattans. L'on connaît le fort et le faible de chacun de ces genres de lits, et l'on choisira celui qui a le moins d'inconvémens.

PIÈCE N° 3.

ÉTAT du personnel administratif et industriel de la colonie agricole d'Andernos.

1 Directeur		3,000 fr.
1 Inspecteur		1,800
1 Comptable-caissier-garde-magasin		1,200
1 Chirurgien-pharmacien-chimiste		1,200
1 Aumônier		1,200
1 Instituteur		900
1 Greffier		1,000
10 Contre-maîtres pour instruire et travailler, ayant la ration de pain et de soupe	à . 500 fr.	5,000
15 Surveillans ou surveillantes, dont 10 dès la première année, et 5 successivement pendant les 5 années suivantes, ayant la ration de pain et de soupe, moyennant	300 fr.	4,500
Total		19,800

Observation. Pendant la première année, employée exclusivement aux constructions et au défrichement d'un sixième du domaine rural, il suffira du directeur et de l'inspecteur.

PIÈCE N° 4.

ÉTAT *numérique indiquant l'emploi du capital social de 800,000 francs pendant les six années de l'existence de la société, reconnues nécessaires pour la mise en culture de la colonie.*

SÉRIE des ANNÉES.	RECETTES :			DÉPENSES :			RESTE à reporter à l'année suivante.
	SOMMES disponibles sur le capital social et ses produits en intérêts.	MONTANT des intérêts des sommes non employées pour frais de premier établissement.	TOTAL.	SOMMES employées pour frais de premier établissement.	A PAYER pour intérêts du capital social.	TOTAL.	
1	800,000	24,197	824,197	316,050	40,000	356,050	468,147
2	468,147	16,767	484,914	132,800	40,000	172,800	312,114
3	312,114	12,610	324,724	59,905	40,000	99,905	224,819
4	224,819	8,745	233,564	49,905	40,000	89,905	143,659
5	143,659	5,187	148,846	39,905	40,000	79,905	68,941
6	68,941	2,025	70,966	28,435	40,000	68,435	2,531
Totaux	2,017,680	69,531	2,087,211	627,000	240,000	867,000	1,220,211

La dernière colonne présente un reste de 2,531 francs ; il s'entend de soi-même que cette somme deviendra un des élémens du dividende à distribuer dans la septième année.

PIÈCE N° 5.

DISTRIBUTION *en six années du capital nécessaire aux frais de premier établissement de la colonie agricole des enfans trouvés, indiquant quelle est la partie de ce capital qu'il faut employer chaque année, selon l'avancement de l'organisation.*

Première année.

1. Achat du terrain et construction de la plus grande partie des bâtimens de l'asile.	190,00 fr.
2. Ameublement de cette partie	30,000
3. Moitié des métiers et outils.	7,000
4. Moitié de la plantation de la forêt.	2,880
5. Achat de 80 têtes de gros bétail, fourrage et ustensiles aratoires compris	32,500
6. Construction de 2 étables.	9,000
8. Gage et nourriture de 30 bouviers	9,000
9. Traitement et nourriture de 2 instructeurs agricoles	2,000
10. Appointemens du directeur et de l'inspecteur de la colonie, seulement	4,800
11. Dépenses imprévues	13,820
12. Honoraires aux auteurs du projet.	15,050
13. Total.	316,050

2me année.

1. Achèvement des bâtimens de l'asile.	55,000
2. 1/8 de l'ameublement.	7,500
3. 1/8 des métiers et outils	2,000
4. Achèvement de la plantation de la forêt.	2,880
5. Achat de 80 têtes de gros bétail, fourrage et ustensiles aratoires compris	32,500
6. Construction de 2 étables.	9,000
8. Gages et nourriture de 30 bouviers..	9,000
9. Traitement et nourriture de 2 instructeurs agricoles	2,000
10. Partie d'appointemens du personnel administratif.	13,003
11. Dépenses imprévues	3,117
12. Honoraires aux auteurs du projet.	6,800
13. Total.	142,800
A déduire le produit de 400 journaux mis en culture l'année précédente	10,000
Reste à fournir par la caisse sociale.	132,800

3me année.

2. 1/8 de l'ameublement	7,500
3. 1/8 des métiers et outils.	2,000
5. Achat de 80 têtes de gros bétail, fourrage et ustensiles aratoires compris.	32,500
6. Construction de 2 étables.	9,000
8. Gages et nourriture de 30 bouviers	9,000
9. Traitement et nourriture de 2 instructeurs agricoles.	2,000
10. Partie d'appointement du personnel administratif.	13,0003
11. Dépenses imprévues	1,097
12. Honoraires aux auteurs du projet.	3,805
13 Total	79,905
A déduire le produit de 800 journaux mis en culture l'année précédente.	20,000
Reste à fournir par la caisse sociale.	59,905
Report :	508,755

à Reporter :   508,755

4me année.

2. 1/8 de l'ameublement 7,500
3. 1/8 des métiers et outils. 2,000
5. Achat de 80 têtes de gros bétail, fourrage et ustensiles aratoires compris 32,500
6. Construction de 2 étables. 9,000
8. Gages et nourriture de 2 instructeurs agricoles 9,000
9. Traitement et nourriture de 30 bouviers. 2,000
10. Partie d'appointemens du personnel administratif 13,003
11. Dépenses imprévues 1,097
12. Honoraires aux auteurs du projet. 3,805

13. Total. 79,905
A déduire le produit de 1,200 journaux mis en culture l'année précédente. 30,000

Reste à fournir par la caisse sociale.   49,905

5me année.

2. 1/8 de l'ameublement 7,500
3. 1/8 des métiers et outils 2,000
5. Achat de 80 têtes de gros bétail, fourrage et ustensiles aratoires compris 32,500
6. Construction de 2 étables. 9,000
8. Gages et nourriture de 30 bouviers 9,000
9. Traitement et nourriture de 2 instructeurs agricoles.. 2,000
10. Partie d'appointemens du personnel administratif 13,003
11. Dépenses imprévues 1,097
12. Honoraires aux auteurs du projet. 3,805

13. Total. 79,905
A déduire le produit de 1,600 journaux mis en culture l'année précédente. 40,000

Reste à fournir par la caisse sociale.   39,905

6me année.

5. Achat de 100 têtes de gros bétail, fourrage et ustensiles aratoires compris. 40,625
6. Construction de 2 étables. 9,000
8. Gages et nourriture de 30 bouviers 9,000
9. Traitement et nourriture de 2 instructeurs agricoles 2,000
10. Partie d'appointemens du personnel administratif 13,003
11. Dépenses imprévues 1,072
12. Honoraires aux auteurs du projet. 3,735

13. Total. 78,435
14. A déduire le produit de 2,000 journaux mis en culture l'année précédente.. 50,000

Reste à fournir par la caisse sociale.   28,435

Total des sommes que réclament les dépenses du premier établisssement 627,000
A quoi il convient d'ajouter, pour mettre la caisse sociale à même de servir les intérêts du montant des actions pendant ces 6 premières années. 173,000

Total général exprimant le capital social   800,000

PIÈCE 6.

TABLEAU *indiquant comment se formera successivement la population de l'asile colonial d'Andernos, jusqu'à ce qu'elle ait atteint son complet de 2,000 individus de dix-sept âges différens, et à combien d'adultes de dix-huit ans, que l'on assimile à des hommes faits, ces individus équivalent.*

CATÉGORIE au-dessous ou au-dessus de 12 ans.	ANNÉES pendant lesquelles se forme la population.	CHIFFRE de la population.	DÉSIGNATION des âges.	NOMBRE des enfans de chaque âge.	QUANTITÉ d'années qui en résultent.	CE QUI, DIVISÉ par 18 donne en adultes les nombres ci-dessous (A).	ET FAIT chaque année, une population en adultes de
Au-dessous de 12 ans.	1re	1,000	de 4 à 5 ans.	125	625	35	472
			» 5 » 6 »	125	750	42	
			» 6 » 7 »	125	875	49	
			» 7 » 8 »	125	1,000	56	
			» 8 » 9 »	125	1,125	62	
			» 9 » 10 »	125	1,250	69	
			» 10 » 11 »	125	1,375	76	
			» 11 » 12 »	125	1,500	83	
Au-dessus de 12 ans.	2me	1,120	» 12 » 13 »	(B) 120	1,560	86	558
	3	1,237	» 13 » 14 »	117	1,638	91	649
	4	1,352	» 14 » 15 »	115	1,725	96	745
	5	1,465	» 15 » 16 »	113	1,808	101	846
	6	1,576	» 16 » 17 »	111	1,887	105	951
	7	1,685	» 17 » 18 »	109	(c)	109	1,060
	8	1,792	» 18 » 19 »	107	»	107	1,167
	9	1,897	» 19 » 20 »	105	»	105	1,272
	10	2,000	» 20 » 21 »	103	»	103	1,375

(A) L'on aurait pu prendre pour terme d'assimilation ou diviseur l'âge de vingt-un ans, et alors les nombres de la dernière colonne eussent été moins forts ; mais on a voulu s'assurer la chance de rester au-dessous de la réalité plutôt que de la dépasser.

(B) Le décroissement des enfans de la seconde catégorie est conforme aux tables de mortalité faites d'après les notions les plus accréditées des écrivains statistiques.

(c) Les 7e, 8e, 9, et 10e années n'ayant que des âges de dix-huit ans et au-dessus, on n'a eu ni à multiplier ni à diviser pour réduire en adultes ; il a suffi de reporter à la septième colonne, comme quotients tout trouvés, les nombres des enfans de la cinquième.

PIÈCE 7.

COMPARAISON *des rétributions relatives à l'admission des indigens des diverses catégories aux colonies hollandaises et belges, savoir: telles que ces rétributions sont écrites et telles qu'elles sont réellement perçues, pour en déduire le taux de 63 fr. par individu à placer à la colonie d'Andernos.*

BASES DES RÉTRIBUTIONS.	TAUX DE CES RÉTRIBUTIONS.		OBSERVATIONS.
TELLES QU'ELLES SONT ÉCRITES.			
(a) En versant 1,600 f. pour seize ans, soit 100 fl. ou 211 f. pour un an, on place une famille de sept individus, ci pour un..........................	30 f.	14 c.	(a) M. Huerne de Pommeuse, page 604, art. 1 du reglement d'admission aux colonies agricoles des Pays-Bas.
(b) Pour six orphelins et dix-huit autres indigens, en tout vingt-quatre têtes, 360 fl. ou 759 f. 60 c., ci par tête...	31	65	(b) Le même, page 605, art. 5 du reglement.
(c) Pour un enfant trouvé joint à un mendiant, 45 fl. ou 94 f. 95 c., ci par tête.......................	47	47	(c) M. Ducpetiaux, page 201 de la *Revue encyclopédique* de décembre 1832.
(d) Pour l'indigent quelconque faisant partie d'un ménage de sept personnes, 22 fl. et demie, ci.................	47	47	(d) M. Huerne de Pommeuse, page 605, art. 4 du reglement cité.
(e) Pour huit enfans trouvés au-dessous de six ans, et trois mendians, soit 11 têtes, 320 fl. ou 675 f. 20 c. ci par tête.	61	38	(e) Le même, page 617, art. 3 de l'ordonnance du roi des Pays-Bas, du 6 octobre 1822.
(f) Même cas, sauf que les enfans ont plus de six ans, 360 fl. ou 759 f. 60 c., ci	69	5	(f) Le même, page 606, art. 6 du reglement, et page 617, art. 3 de l'ordonnance royale.
(g) Pour un mendiant seul, 85 fl. ou......................	73	85	(g) Même auteur, mêmes pages et mêmes articles.
Total pour avoir la moyenne..............	361	1	
Moyenne des rétributions écrites..........	51	57	
TELLES QU'ELLES SONT PERÇUES.			
(h) En 1829, il a été perçu dans les colonies hollandaises, pour sept mille cinq cent cinquante individus, tant orphelins que mendians et autres indigens, 235,500 fl., ce qui fait par tête 31 flf. 19 c. ou	65	81	(h) Ibidem, page 89.
(i) Dans la même année il a été perçu aux colonies belges, pour quinze cent cinquante individus des mêmes catégories, 44,250 fl. ou 93,367 f. 50 c., ce qui donne pour un	60	23	(i) Ibidem, page 139.
Total pour avoir la moyenne..............	126 f.	4 c.	Le florin de Hollande est pris ici dans sa valeur exacte, qui est de 2 f. 11 c.
Moyenne des rétributions perçues..........	63	2	

PIÈCE 8.

TABLEAU *des dépenses générales des deux catégories des 2,000 orphelins.*

	OBJETS DE DÉPENSES.	CATÉGORIES.		TOTAL.	
		Ire.	IIme.		
1	Pain aux orphelins de la colonie.	22,136 53	38,087 69	60,224 22
2	Supplément pour les surveillans et contre-maîtres.	262 80	503 70	766 50
3	Soupe aux orphelins.	10,768 82	19,079 43	29,848 25
4	Supplément pour les surveillans et contre-maîtres.	91 25	182 50	273 75
5	Habillement et linge de corps.	9,605 20	18,376 05	27,981 25
6	Supplément en cas de besoin.	343 27	656 73	1,000 00
7	Blanchissage.	3,501 30	6,698 70	10,200 00
8	Couchage.	,980 50	1,492 97	2,473 47
9	Infirmerie et linge de service commun.	3 650 00	3,650 00	7,300 00
10	Chauffage à 1,387 fr. 50 c. pour les huit premières années.	102 60	197 40	300 00
11	Éclairage.	686 46	1,313 54	2,000 00
12	Réparations des bâtimens.	343 27	656 73	1,000 00
13	Entretien des ustensiles et meubles.	343 27	656 73	1,000 00
14	Six domestiques, à 1,800 fr. pour les premières années.	134 59	254 59	389 18
15	Appointemens aux employés.	6,796 80	13,003 20	19,800 00
16	Assurance des bâtimens.	68 65	131 35	200 00
17	Dépenses imprévues.	1,684 69	2,058 69	3,743 38
18	Gratifications et récompenses, etc.	1,500 00	3,000 00	4,500 00
	Totaux.	63,000 00	110,000 00	173,000 00

PIÈCE 9.

TABLEAU *spécifiant la quantité, le poids et la dépense des rations de pain et de soupe destinées aux orphelins coloniaux.*

CATÉGORIE payante ou gratuite.	AGES,	NOMBRE d'orphelins de chaque âge.	NOMBRE de journées au bout de l'année.	POIDS d'une ration quotidienne. Pain. Onces.	Soupe. Onces.	Total. Onces.	CE QUI FAIT, pour chaque âge, Livres de pain.	Livres ou 1/2 litres de soupe.	DÉPENSE, la livre coûtant, Pain à 8 centimes 4 millimes.	Soupe à 3 centimes.
Payante.	ANS. 4	125	45,625	8	11	19	22,812	31,367	1,916 20	941 01
	5	125	45,625	9	12	21	25,664	34,218	2,255 77	1,026 54
	6	125	45,625	10	13	23	28,515	37,070	2,395 26	1,112 19
	7	125	45,625	11	14	25	31,367	39,921	2,634 82	1,197 63
	8	125	45,625	12	16	28	34,218	45,625	2,874 31	1,368 75
	9	125	45,625	13	18	31	37,070	51,328	3,113 88	1,539 84
	10	125	45,625	14	20	34	39,921	57,031	3,353 36	1,700 95
	11	125	45,625	15	22	37	42,773	62,734	3,592 93	1,882 02
		1,000	365,000	»	»	»	262,340	359,294	22,136 53	10,768 02
Total général de la dépense de la catégorie payante.									32,905 35	
Gratuite.	12	120	43,800	16	24	40	43,800	65,700	3,679 20	1,971 00
	13	117	42,705	17	25	42	45,374	66,726	3,811 41	2,001 78
	14	115	41,975	18	26	44	47,221	68,209	3,966 56	2,046 27
	15	113	41,245	19	27	46	48,978	69,663	4,114 85	2,089 89
	16	111	40,515	20	28	48	50,643	70,901	4,254 01	2,127 05
	17	109	39,785	21	29	50	52,217	72,110	4,586 22	2,165 50
	18	107	39,055	22	30	52	53,700	73,228	4,510 80	2,195 84
	19	105	38,325	23	31	54	55,092	74,254	4,627 72	2,227 62
	20	103	37,595	24	32	56	56,392	75,190	4,736 92	2,255 70
	Totaux	1,000	365,000	»	»	»	453,417	635,981	38,087 69	19,079 63
Total général de la dépense de la catégorie gratuite.									57,167 12	
Ensemble.	Totaux	2,000	730,000	»	»	»	715,757	995,275	60,224 22	29,846 25
Total général de la dépense des deux catégories.									90 072 47	

PIÈCE 10.

SOUS-DÉTAILS *estimatifs de la fabrication du pain de seigle.*

La pesanteur moyenne d'un hectolitre de seigle est de 135 livres, poids de marc.

Il subit par la mouture un déchet de 2 pour cent; on extrait du produit 14 pour cent de gros son, il reste, en farine blutée, 84 pour cent.

. . trie a la mécanique de *Lambert* et dans une décoction ou colature provenant de gros son, selon le procédé de *La Tutais*, la farine ren moitie en sus de son poids. M. Tessin a toujours obtenu ce résultat, même sans le secours de la *lambertine* ni de l'essence de son.

Ainsi l'hectolitre de seigle éprouve au moulin un déchet de 1 livre 11 onces, fournit 113 livres 5 onces de farine blutée, pres de 20 livres de gros son employé en colature, et 170 livres de pain.

Les instructions ministérielles qui prescrivent la manière dont doit être fait le pain employé dans les prisons départementales, portent a 180 livres le rendement de l'hectolitre : notre évaluation est donc au-dessous de la réalité.

A quoi reviendra la livre de pain?

Portons le prix de l'hectolitre de seigle, exempt de l'impôt foncier, ainsi que de tous les frais de transport, magasinage et mésurage a. . . . . 12 fr. 00

Frais de criblage.	0	20
Mouture.	0	65
Panification, 1/4 de journée à 2 fr. 50.	0	63
Cuisson du pain	0	80
Total de la dépense pour 170 livres . . .	14	28

Ce qui porte à 0 fr. 084, ou 8 centimes 4 millimes la livre de pain plus blanc que gris et très soigné dans sa fabrication.

La consommation de pain à l'établissement colonial étant de 715,757 livres, il faudra obtenir du domaine une récolte de 4.210 hectolitres de seigle.

PIÈCE 11.

ELEMENS *de la fixation du prix d'une ration de soupe pesant deux livres, poids de marc, ou mesurant un litre, y compris dix-sept services gras par année.*

§ premier.

Des modifications ayant été prescrites dans le régime alimentaire de la maison centrale de détention de Cadillac, et de nouveaux prix ayant dû être réglés avec le fournisseur, voici les calculs qui ont servi de base à ce règlement, tels qu'ils ont été transmis le à M. le préfet du département de la Gironde et agréés par ce magistrat :

COMPOSITION DE LA SOUPE POUR 100 INDIVIDUS.

1° *Pendant 2 jours de la semaine.*

30 Kilog. de pomme de terre, bonne qualité, bien épluchées	1 fr.	25
1 Décalitre de carottes ou navets a 0 fr. 12 cent. le litre	1	20
1 Kilog. de pois, fèves, lentilles ou haricots réduits en purée, ou pareillle quantité de gruau d'orge	0	50
1 » d'oseille cuite, dont l'eau a été exprimée	0	30
10 » de pain blanc de pur froment et bien rassis à 0 fr. 1,375 la livre ci.	2	75
1 » de sel.	0	35
10 Grammes de poivre.	0	07
1 Kilog. 1/4 de gra isse de porc, fondue et bien épurée, à 0 fr. 60 cent. la livre	1	50
Total pour 100 rations quotidiennes	7	92

2° *Pendant 3 autres jours.*

20 Litres de légumes secs, tels que pois, fèves, lentilles ou haricots à 16 fr. l'hectolitre .	3 fr.	20
5 Kilog. de légumes frais, tels que carottes, choux, poireaux, navets, etc. à 0 fr. 10. .	0	50
12 Livres 5 onces de pain blanc a 0 fr. 1,375 la livre	1	69
1 Kilog. 1/4 de graisse a 0 fr. 60 cent	1	50
Sel et poivre nécessaire à l'assaisonnement.	0	45
Total pour 100 rations quotidiennes.	7	34

3° *Pendant un autre jour.*

3 Litres de légumes secs à 16 fr. l'hectolitre.	0 fr.	48
1 Litre de carottes bien épluchées et coupées en rouelles, ou autres légumes frais	0	12
2 Livres 2 onces de graisse à 0 fr. 60 cent. la livre	1	28
12 » 5 » de pain blanc à 0 fr. 1,375 »	1	69
13 » de riz à 30 fr. le quintal	3	90
Le sel et le poivre nécessaire à l'assaisonnement.	0	45
Total pour 100 rations quotidiennes.	8	02
Ce qui fait pour les 3 sortes de soupe sans viande.	23	28
Et pour prix moyen d'une ration de 2 livres	0	0776

Ou 7 cent. et 76/100. Mais dans ces prix se trouvent les bénéfices du fournisseur qui sont tout au moins de 10 p. 0/0, en sorte que le coût de la ration ne dépasse point . . . 007

§ 2.

Les trois espèces de potages qui précèdent, ne sont autres que ces soupes économiques, accréditées par le comte de Bunefort, et dont, pendant cinq années consécutives, la Société philantropique de Paris a fait de si nombreuses et si utiles distributions. Nous produisons ici un des comptes que le trésorier de cette illustre association, l'honorable M. Delessert, lui rendait annuellement. C'est de l'an X de la République qu'il s'agit.

DÉPENSES DE L'ÉTABLISSEMENT DE LA RUE SAINT-BERNARD, FAUBOURG SAINT-ANTOINE,

Commissaires : citoyens Maiguet et Montmorency.

Denrées achétée en commun.

Orge mondé, 126 boisseaux, à 3 l. 12 s. 6 d......	456 l.	15 s.
Riz de l'Inde, 6 sacs pesant 900 livres, a 25 l....	225	00
Haricots, 33 sacs, a 27 l. 10 s.................	907	00
Lentilles, 17 sacs 1/3, à 28 l. 2 s.............	487	11
Farine de lentilles, haricots et pois, 2 sacs a 20 l.6s.	40	12
Pommes de terre, 13 sacs, à 4 l. 6 s. 6 d.......	56	04
Sel, 900 l., à 4 l. 17 s. le cent	43	13
Transports de légumes, 16 voyages à 2 l. 8 s....	38	08

Dépenses faites à l'établissement.

Pommes de terre achetées séparément, 14 sacs..	69	08
Pain..	1,718	90
Graisse, saindoux..............................	372	10
Herbes, oignons................................	88	09
Eau et porteur d'eau...........................	161	08
Bois, sciage et port...........................	508	16
Chandelles, huile..............................	32	05
Blanchissage	74	07
Charbon et menues dépenses.....................	67	01
Ustensiles.....................................	34	03
Dépenses d'entretien...........................	38	08
Gages	524	00
Total des deux espèces de dépenses............	5,943 l.	18 s.

Soupes distribuées pendant l'an X.

10, 20, 30 frimaire. 30 nivose.	15,178	soupes.
30 pluviose...................	17,100	
30 ventose	18,653	
30 germinal	17,963	
30 floréal	13,924	
25, 50, 30 prairial	9,192	
30 messidor	12,137	
30 thermidor..................	12,836	
13, 1, 13 fructidor..........	8,749	
258 jours	125,732	soupes.

En divisant le total des deux espèces de dépenses par celui des soupes distribuées, il en résulte un prix commun de 4 centimes 7 milimes pour chaque soupe de 28 onces.

Ainsi s'exprime ce compte. Si des dépenses qui y figurent, l'on déduit celles qui sont inhérentes aux localités de Paris et dont on sera dispensé à la colonie agricole, telles que transport des légumes, eau et porteurs d'eau, moitié au moins de l'achat du bois, de son sciage et port, le prix de la ration ne sera plus de 4 centimes 70/100, mais seulement de 4 centimes 3″/100. Toutefois, comme cette ration n'est que de 28 onces, tandis qu'à l'établissement colonial, elle sera de 32, il faut ajouter un 7ᵉ a ce dernier prix, ce qui l'élève juste à 5 centimes.

§ 3.

En comparant les deux localités de Paris et de Cadillac, on reconnaît en faveur de la capitale un surcroît d'économie qui s'explique, ou par une meilleure administration, ou par cette circonstance, qu'en portant a 10 p. 0/0 les bénéfices des fournisseurs de Cadillac, nous n'avons pas fait assez large cette part qui, à vrai dire, ne suffirait pas pour indemniser de tous les faux frais, des avances de fonds et des chances de perte. Et les résultats de Paris sont d'autant plus rassurans qu'ils embrassent toutes les dépenses nécessaires quelconques, même les gages. Enfin, l'on aurait tort de croire que ces résultats n'ont été si avantageux que parce qu'ils étaient favorisés par une grande abondance de l'année; tout au contraire, et nous en citons comme preuve ce passage qui termine le rapport des commissaires chargés de la vérification des comptes d'où nous avons extrait celui qu'on a lu. « Cette énorme distribution de soupes doit vous rappeler qu'au moment où vous deviez clore la distribution, par l'épuisement de vos fonds, le prix « du pain était si élevé que vous alliez laisser le misérable sans secours. Le Ministre de l'intérieur et le préfet de Police sentirent « la nécessité de vous aider à continuer vos distributions; c'est à eux que vous en devez la prolongation etc. » Nous ne pouvons donc évaluer à plus de 5 centimes la ration de soupe de 32 onces, surtout si l'on considere que, pendant dix ans, les productions de la colonie agricole seront exemptes d'impôts, qu'elles ne seront grevées d'aucun frais de transport, ni renchéries par aucun acheteur intermédiaire, avantages immenses sous le rapport de l'économie, et dont était privée la Société philantropique.

§. 4.

Dix-sept fois par an, savoir : le premier dimanche de chaque mois, les quatre grandes fêtes de l'année, et le jour de la fête du roi, il y aura un service en gras qui consistera à ajouter de la viande aux autres ingrédiens de la soupe dans les proportions adaptées pour les maisons centrales de détention, soit trois onces de viande cuite et désossée, ce qui représente six onces de viande crue, par adulte ou homme fait. Les 2,000 orphelins équivalant à 1,375 adultes, il y aura 23,375 journées à six onces de viande, ce qui donne un consommation annuelle de 8,765 livres 1/2 de viande de boucherie qui, à 30 centimes la livre, prise parmi le bétail de l'établissement colonial, formera une dépense de.. 2,629 f. 50 c.

Mais aux jours de service gras, il n'y aura pas de saindoux à la soupe ; cela procurera une épargne de deux livres et demie de graisse par cent rations de soupe, soit pour 1,375 adultes, 34 livres et demie, qui, multipliées par les 17 journées, font 586 livres et demie, dont le montant, à 0 f. 60 c., doit être déduit de la dépense causée par la viande, ci.. 351   30

Reste à porter en compte... 2,278 f. 20 c.

Lesquels répartis sur les 995,275 livres ou 497,637 rations de soupe de 32 onces, qui composent la consommation annuelle de la colonie agricole, font pour chacune de ces rations une dépense additionnelle de 0 fr. 00462, c'est-à-dire de $\frac{462}{10000}$ de centimes.

§ 5.

Maintenant nous sommes à même d'arrêter définitivement le prix d'une ration, en opérant ainsi :

Coût d'une soupe de 32 onces, sans viande.. 0,05000 f.

Dépense additionnelle pour 17 services gras.. 0,00462

Total..................... 0,05462

Ce serait là le coût convenablement amplifié de la ration ; cependant, augmentons le finalement de 10 p. 0/0 afin de ne donner prise à aucune objection, ci.. 0,005,462 fr.

Fixation à laquelle nous nous tenons.. 0,060,082 f.

Soit 6 centimes qui forment justement la moyenne entre Paris et Cadillac, et d'où resulte pour la livre ou le demi-litre de soupe un prix ultime de.. 3 centimes

PIÈCE 12.

RELEVÉ *des denrées nécessaires à la soupe des deux mille orphelins, equivalant à treize cent soixante-quinze adultes, et de la différence qui en dérive, en admettant les doses et prix de Cadillac (o f. 0776 la ration de deux livres), pour en inférer le coût de cet aliment à la colonie agricole.*

NATURE des DENRÉES.	COMBIEN De fois elles seront données par semaine.	NOMBRE De jours par an.	RATIONS De Soupe de 2 liv. ou journées d'adultes, par année.	DOSE De chaque denrée pour 100 rations.	CE QUI FAIT Une consommation annuelle de	PRIX De chaque denrée.		MONTANT De la dépense pour l'année.	
Pommes de terre.	3 fois.	156	214,500	60 liv.	128,700 liv.	» f.	»» c.	2,681 f.	25 c.
Carottes	3	156	214,500	10 litres.	22,178	0	12	2,661	36
	1	53	72,875	1 id.					
Gruau d'orge	3	156	214,500	2 liv.	4,290	0	25	1,072	50
Légumes secs	3	156	214,500	20 litres.	45,086	0	16	7,213	80
	1	53	72,875	3 id.					
Oseille cuite	3	156	214,500	2 liv.	4,290	0	15	643	50
Pain blanc.	3	156	214,500	20 id.	78,283	0	1375	10,763	92
	4	209	287,375	12 id. 5 onc.					
Graisse	6	312	429,000	2 8	12,273	0	60	7,364	15
	1	53	72,875	2 2					
Navets	3	156	214,500	10 di.	21,450	0	50	1,072	50
Riz	1	53	72,875	13	9,473	0	30	2,842	12
Sel et Poivre	3	156	214,500	Pour 0 f. 42 c.	. . . .	. . . .		2,283	33
	4	209	287,375	0 45					
								38,598 f.	57 c.

En se reportant aux élémens qui précèdent ce relevé sous le N° 11, on se rappellera qu'à Cadillac le prix de la ration est de 0.0776, et celui que nous avons adopté pour notre colonie agricole de 0 f. 06 c., différence 0 f. 01776. Cette différence, multipliée par 497,637 rations auxquelles nous avons dit que s'élèverait la consommation de cette colonie, donne une somme de. 8,758   40

Qui, déduite du montant de la dépense calculée sur les prix de Cadillac, laisse pour l'établissement colonial un coût réel de. . . . . 29,840 f. 17 c.

Somme semblable à celle du tableau, sauf la différence que doit amener la suppression des fractions au-delà des centimes.

PIÈCE 13.

ÉTAT *estimatif de l'habillement des enfans trouvés qui seront admis à la colonie agricole d'Andernos.*

SANS ACCEPTION DE SAISON.

3 chemises....................	à 2 f.	50 c.		7 f.	50 c.
1 berret ou 2 bonnets.........	1	00		1	00
4 paires de sabots...........	0	62 1/2		2	50
2 cravates de couleur ou fichus.	0	75		1	50
3 paires d'escarpins..........	0	50		1	50
1 paire de bas...............	0	75		0	75
1 tablier	1	25		1	25
2 mouchoirs.................	0	35		0	70
				16 f.	70 c.

Pour l'été.

1 veste ronde ou 1 brassière..............		
1 gilet ou 1 jupon....................	9	00
1 pantalon ou 1 jupe		

Pour l'hiver.

1 veste ronde ou 1 brassière..............		
1 gilet ou 1 jupon.....................	15	00
1 pantalon ou 1 jupe..................		

Total pour deux ans que dureront les objets.	40 f.	70 c.
Ce qui fait par année....................	20 f.	35 c.

Montant de la dépense annuelle.

Première catégorie : 1000 enfans équivalant à 472 adultes, à 20 f. 35 c.	9,605 f.	20 c
Deuxième catégorie : 1000 enfans équivalant à 903 adultes, à 20 35	18,376	05
Total de la dépense principale...................................	27,981 f.	25 c.
A ajouter pour habillement supplémentaire, au besoin.............	1,000	00
Total de la dépense principale et supplémentaire...................	28,981 f.	25 c.

PIÈCE 14.

ETAT *des dépenses de blanchissage à la colonie d'Andernos.*

1,375 chemises............	à 10 c.	137 f. 50 c.	par semaine.	7,150 f. 00 c.
1,300 sacs ou 2,600 draps....	10	130 00	par mois.	1,560 00
1,375 Bonnets.............	2 1/2	34 37 1 2	«	412 50
1,375 paires de chaussons....	2 1 2	34 37 1/2	«	412 50
1,375 tabliers.............	2 1/2	34 37 1/2	«	412 50
				9,947 f. 50 c.
	Supplément			252 50
	Total............			10,200 f. 00 c.

PLAN DE FINANCE,

OU

TABLEAU *de l'emploi du produit net d'une colonie agricole dans les landes du département de la Gironde, à Andernos, s'élevant à 60,000 f. et destiné à amortir en trente-huit ans huit cents actions de 1,000 f. chacune, avec intérêt à cinq pour cent, réserve pour cas extraordinaires, dividende éventuel, et, à la fin de l'opération, libre disposition d'immeubles d'une valeur bien au-dessus du capital social.*

SÉRIE DES ANNÉES.	RECETTES.			DÉPENSES.						
	PRODUIT net du domaine.	PRIX de ferme des petites métairies.	TOTAL.	FONDS de réserve.	FRAIS de bureaux.	PRIME aux auteurs du projet.	INTÉRÊT à 5 p. o/o	SOMMES amorties.	COUT de 270 métairies.	TOTAL.
1.	2.	3.	4.	5.	6.	7.	8.	9.	10.	11.
7.	60,000	»	60,000	2,000	1,000	3,000	40,000	»	»	46,000
8.	60,000	»	60,000	2,000	1,000	3,000	40,000	»	»	46,000
9.	60,000	»	60,000	2,000	1,000	3,000	40,000	»	»	46,000
10.	60,000	»	60,000	2,000	1,000	3,000	40,000	»	»	46,000
11.	60,000	»	60,000	2,000	1,000	3,000	40,000	»	»	46,000
12.	60,000	»	60,000	2,000	1,000	3,000	40,000	»	»	46,000
13.	60,000	»	60,000	2,000	1,000	3,000	40,000	»	22,500	68,500
14.	60,000	1,500	61,500	2,000	1,000	3,000	40,000	»	22,500	68,500
15.	60,000	3,000	63,000	2,000	1,000	3,000	40,000	5,000	22,500	73,500
16.	60,000	4,500	64,500	2,000	1,000	3,000	39,750	10,000	22,500	78,250
17.	60,000	6,000	66,000	2,000	1,000	3,000	39,250	10,000	22,500	77,750
18.	60,000	7,500	67,500	2,000	1,000	3,000	38,750	10,000	22,500	77,250
19.	60,000	9,000	69,000	2,000	1,000	3,000	38,250	10,000	22,500	76,750
20.	60,000	10,500	70,500	2,000	1,000	3,000	37,750	15,000	22,500	81,250
21.	60,000	12,000	72,000	2,000	1,000	3,000	37,000	20,000	22,500	85,500
22.	60,000	13,500	73,500	2,000	1,000	3,000	36,000	20,000	22,500	84,500
23.	60,000	15,000	75,000	2,000	1,000	3,000	35,000	20,000	22,500	83,500
24.	60,000	16,500	76,500	2,000	1,000	3,000	34,000	20,000	22,500	82,500
25.	60,000	18,000	78,000	2,000	1,000	3,000	33,000	20,000	22,500	81,500
26.	60,000	19,500	79,500	2,000	1,000	3,000	32,000	20,000	22,500	80,500
27.	60,000	21,000	81,000	2,000	1,000	3,000	31,000	20,000	22,500	79,500
28.	60,000	22,500	82,500	2,000	1,000	3,000	30,000	25,000	22,500	83,500
29.	60,000	24,000	84,000	2,000	1,000	3,000	28,750	25,000	22,500	82,250
30.	60,000	25,500	85,500	2,000	1,000	3,000	27,500	30,000	22,500	86,000
31.	60,000	27,000	87,000	2,000	1,000	3,000	26,000	55,000	»	87,000
32.	60,000	27,000	87,000	2,000	1,000	3,000	23,250	60,000	»	89,250
33.	60,000	27,000	87,000	2,000	1,000	3,000	20,250	60,000	»	86,250
34.	60,000	27,000	87,000	2,000	1,000	3,000	17,250	65,000	»	88,250
35.	60,000	27,000	87,000	2,000	1,000	3,000	14,000	65,000	»	85,000
36.	60,000	27,000	87,000	2,000	1,000	3,000	10,750	70,000	»	86,750
37.	60,000	27,000	87,000	2,000	1,000	3,000	7,250	70,000	»	83,250
38.	60,000	27,000	87,000	2,000	1,000	3,000	3,750	75,000	»	84,750
	1,920,000	445,500	2,365,500	64,000	32,000	96,000	1,000,450	800,000	405,000	2,397,500

15.

EXCÉDANT à employer.	LEQUEL, placé à intérêts composés, donne	CE QUI laisse chaque année un reste récapitulatif de	DÉFICIT que l'on couvre avec ce reste.	SOLDE DES DIVERSES COLONNES, ET Destination des sommes encore à employer.
12.	13.	14.	15.	
14,000	»	14,000	»	
14,000	700	28,700	»	
14,000	1,435	44,135	»	
14,000	2,206	60,341	»	
14,000	3,017	77,358	»	
14,000	3,861	95,225	»	
»	4,761	99,986	8,500	
»	4,574	96,060	7,000	
»	4,453	93,513	10,500	
»	4,150	87,163	13,750	
»	3,670	77.083	11,750	
»	3,266	68,599	9,750	
»	2,942	61,791	7,750	
»	2,702	56,743	10,750	
»	2,299	48,292	13,500	
»	1,739	36,531	11,000	
»	1,276	26,807	8,500	
»	915	19,222	6,000	
»	661	13,883	3,500	
»	519	10,902	1,000	
1,500	495	11,897	»	
»	594	12,491	1,000	
1,750	524	13,765	»	
»	678	14,443	500	
»	697	14,640	»	
»	732	15,372	2,250	
750	656	14,528	»	
»	726	15,254	1,250	
2,000	700	16,704	»	
250	835	17,789	»	
3,750	889	22,428	»	
2,250	1,121	25,799	»	
96,250	57,799	»	128,250	

SOLDE
DES DIVERSES COLONNES,
ET
Destination des sommes encore à employer.

BALANCE
Des totaux des colonnes 4, 11, 12 et 15.

4. Recette...................... 2,365,500 f.
15. Déficit...................... 128,250
                                  —————
                                  2,493,750

11. Dépenses...... 2,397,500 f.
12. Excédent...... 96,250
                                  2,493,750
                                  —————
                                  Soldé.

BALANCE
Des colonnes 12, 13, 14 et 15.

12. Total...................... 96,250
13. Id........................ 57,799
                               —————
                               154,049
15. Id........................ 128,250
                               —————
                Reste........ 25,799
14. Dernier excédent............. 25,799
                               —————
                               Soldé.

A la fin de l'opération il restera disponible :

1° La somme ci-dessus du reste de la colonne 14, soit 25,799 f., lesquels augmenteront d'autant le dividende de la trente-huitième année ;

2° Une portion (qu'on ne saurait préciser) du fonds de réserve de la cinquième colonne, laquelle portion sera dévolue aux six dernières actions du tirage dont il vient d'être parlé ;

3° La propriété des immeubles qui recevront l'emploi suivant :

Aux porteurs des soixante-quinze dernières actions, grand domaine rural avec ses bestiaux et son attirail aratoire, plus cent journaux de forêt.

Au département, l'asile colonial, les jardins, son mobilier, deux cents métairies à prendre sur les deux cents soixante-dix existants, et deux cents journaux de forêt également.

Aux auteurs du projet, les soixante-dix métairies restantes, plus cent journaux de forêt.

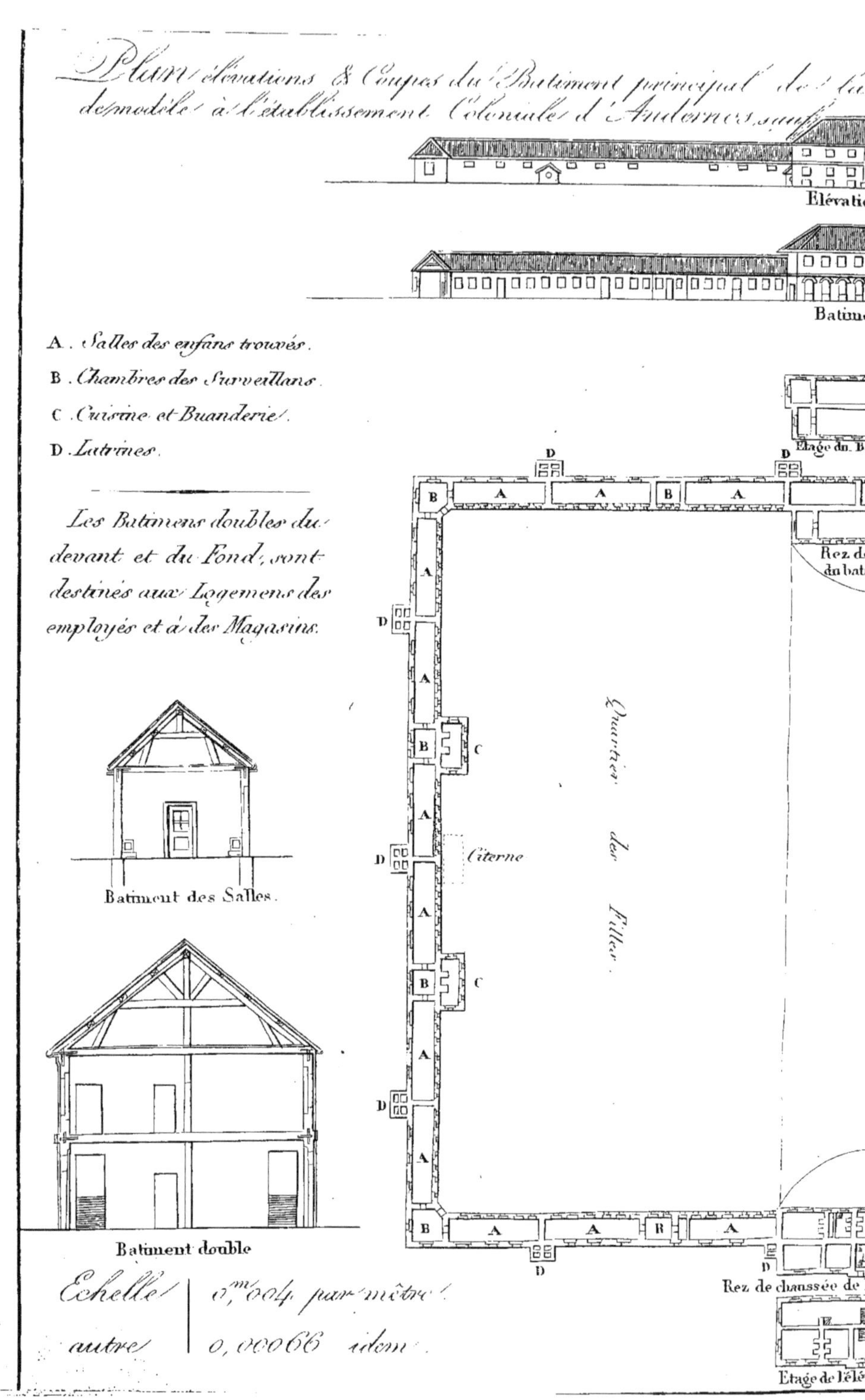

Plan, élévations & Coupes du Bâtiment principal de la
de modèle à l'établissement Coloniale d'Anderne saus
Élévation
Bâtiment
A. Salles des enfans trouvés.
B. Chambres des Surveillans.
C. Cuisine et Buanderie.
D. Latrines.
Les Bâtimens doubles du
devant et du Fond, sont
destinés aux Logemens des
employés et à des Magasins.
Étage du Bat
Rez de
du batim
B A A B A B A
D
D
A
D
B C
A
Quartier des Filles
D Citerne
A
B C
A
D
A
A
B A A B A A
D
Rez de chaussée de l'
Étage de l'éléva
Bâtiment des Salles.
Bâtiment double
Échelle 0,m004 par mètre
autre 0,00066 idem

...nie agricole d'indigens, à Wortel en Belgique et qui servira
quelques modifications de peu d'importance sous le rapport de la dépense.
Quartier des garçons.
Citerne.
Cuisine.
Chambre de Surveillant.
Salle.
Batiment des Salles.
A B A A B
A
A
C B
A
C B
A
A
D
principale.
ale.

QUATRIÈME PARTIE.

PROJET DES STATUTS SOCIAUX.

PAR DEVANT, ETC.

Furent présens :

M.

M.

M.

Enfin, M. Charles-François-Hyacinthe Chevalier de Lamorre, propriétaire, demeurant à Bordeaux, Fossés du Chapeau rouge, n° 32.

Et M. Cristophe Balzar du Mont, rentier, demeurant à Bordeaux, grande rue du Palais-Gallien, n° 109.

Ces deux derniers associés pour l'objet qui donne lieu à la présente comparution ;

Lesquels, préalablement au traité de Société ci-après, ont exposé ce qui suit :

Les heureux résultats, récemment obtenus en Hollande et en Belgique, de l'établissement des colonies agricoles d'indigens, ont fixé l'attention du gouvernement français, qui en a recommandé l'imitation dans un rapport approuvé par le roi, le 6 novembre dernier. Répondant à cet appel, MM. de Lamorre et comp°, Balzar du Mont, ont conçu le projet de former une semblable colonie dans la partie des landes de Bordeaux reconnue la plus susceptible de fertilité, en y réunissant un nombre convenable d'enfans trouvés des deux sexes. Ils ont en conséquence fait, pour cet objet, l'acquisition de 5,662 journaux, environ 1800 hectars de landes, situées sur le bassin d'Arcachon, et publié un mémoire où sont développées toutes les parties de leur plan d'opération. Assurer aux enfans trouvés, si malheureux jusqu'à ce jour, une instruction religieuse, intellectuelle et technologique des plus satisfaisantes, un bien être physique et une existence sociale auxquels ils ne semblaient pas autorisés à aspirer ; attaquer ainsi dans une de ses causes les plus intenses le fléau de la mendicité ; créer une population novice, susceptible de recevoir telles mœurs, tels usages, tels genres dominans d'industrie, que l'on jugera à propos ; fertiliser des terrains aujourd'hui incultes, et augmenter de tous leurs produits la richesse nationale ; propager par l'exemple du succès de cette culture le goût des défrichemens et des améliorations ; rendre populaires les meilleures doctrines, les meilleurs procédés agricoles ; étendre dans d'importantes dimensions la matière imposable, et accroître de même les revenus territoriaux de l'Etat ; enfin, apporter une grande diminution dans les dépenses que supportent les départemens et les communes pour l'entretien des enfans trouvés et abandonnés ; tels sont, entre autres, les avantages qui paraissent devoir jaillir de l'exécution du projet annoncé.

Et ces avantages étant l'effet de combinaisons qui, non seulement, dispensent de recourir à la bienfaisance privée ou à des dons du gouvernement, mais encore ouvrent la voie à un placement de fonds aussi sûr que lucratif, les comparans ont résolu de se réunir, pour la formation de la colonie proposée, en société anonyme, dont ils ont arrêté les statuts de la manière suivante :

TITRE PREMIER.

OBJET, NOM ET DURÉE DE LA SOCIÉTÉ.

Art. Ier. Il sera établi, sous l'autorisation du gouvernement, une Société anonyme pour la formation d'une colonie d'enfans trouvés sur le territoire de la commune d'Andernos, canton d'Audenge, arrondissement de Bordeaux, selon les plans et projets de MM. de Lamorre et Balzar du Mont.

Art. 2. La Société anonyme prendra le nom de *Compagnie coloniale d'Andernos*. Elle aura son siège à Bordeaux ; sa durée sera de 88 ans, à partir du jour de l'ordonnance royale d'approbation des statuts.

Art. 3. Elle aura pour objet 1° la mise en culture et exploitation des terrains affectés à la colonie ; 2° L'entretien et l'éducation de 2000 enfans trouvés des deux sexes ; 3° La jouissance de la pension alimentaire que le département et les communes paient pour ceux de ces enfans qui ont moins de 12 ans ; 4° La mise à profit du travail des enfans, soit pour l'exploitation des terres, soit pour la fabricaiton des choses faisant partie de leurs besoins.

Art. 4. Cette colonie sera établie sur un tenement de 5662 journaux bordelais, ou environ 1800 hectars de landes, appartenant aujourd'hui à MM. de Lamorre et Balzar du Mont, pour en employer

2,520 Journaux, à un domaine, exploité en grande culture ;

42 Journaux, à des bâtisses, jardins, chemins et allées ;

400 Journaux, à des semis de pins maritimes et autres essences ;

2,700 Journaux, à 270 métairies de 10 journaux chacune, exploitées en petites cultures.

Chaque année, à partir de la constitution de la Société, il sera mis en culture 1/6 des 2962 journaux affectés au domaine, aux jardins et aux semis d'arbres, de manière qu'au bout de 6 années ces 3 objets soient en plein rapport.

Les métairies de 10 journaux ne seront établies qu'à partir de la 14me année ; il en sera alors formé annuellement 15, qui seront données à ferme, au fur et à mesure de leur achèvement.

Art. 5. Les enfans trouvés seront admis à la colonie à l'âge de 4 ans, et y resteront jusqu'à leur majorité.

La population de la colonie ne sera pas portée de suite au nombre de 2000 enfans ; elle n'y arrivera que successivement et au bout de 9 ans.

Dans la première année. la colonie ne se chargera que de 1000 enfans, pris parmi ceux de 4 à 12 ans, soit 125 pour chacun de ces huit âges. A chacune des années suivantes, on admettra 125 nouveaux enfans de l'âge de 4 ans, et même un plus grand nombre, selon que l'exigera le remplacement de ceux que la mort aura frappés.

Un an après que le complet des 2000 enfans aura été atteint, commenceront les sorties des sujets parvenus à leur majorité, et comme ces sortans, ainsi que les décédés seront chaque fois remplacés par les admissions annuelles d'enfans de 4 ans, ce complet ne cessera plus d'avoir lieu.

Art. 6. La pension que les enfans âgés de moins de 12 ans auront à payer, rendus à la colonie, est fixée à 63 fr. par an, tout compris, c'est-à-dire sans que les parties payantes aient rien à ajouter pour linge, habillement, ni gratifications quelconques.

Art. 7. Moyennant cette pension et la faculté qu'aura la Société d'utiliser à son profit exclusif le travail des enfans, elle pourvoira aux besoins de tous, sans distinction d'âge et jusqu'à leur majorité, en logement, nourriture, soins médicaux, habillement, instruction religieuse, éducation morale, pratique de l'art agricole et d'un métier susceptible de leur assurer une existence indépendante et aisée.

Elle fera en sorte qu'à leur sortie ils reçoivent un pécule qui soit pour eux comme une mise de fonds pour s'établir et se marier.

Enfin, aux couples les plus méritans, elle remettra une des métairies prévues à l'art. 4, toutes garnie de bétail et d'aprovisionnement, moyennant une ferme de 100 francs, qui est loin de représenter la moitié de fruits à laquelle les métayers sont ordinairement assujettis.

Tous ces avantages seront garantis aux enfans par des traités passés entre l'administration chargée de leur tutèle et la Société, sur des cahiers de charges bien circonstanciés et revêtus à l'avance de l'approbation supérieure.

Art. 8. Les bâtimens de la colonie se composeront, indépendamment des petites habitations rurales, qui seront plus tard construites sur les 270 métairies ci-dessus mentionnées, 1° D'un grand corps d'habitation où seront réunis les 2,000 colons et le personnel de leur administration, habitation qui formera l'asile colonial proprement dit ; 2° De 12 bâtisses d'exploitation agricoles, établies sur les points les plus convenables du domaine, le tout sur les plans et devis descriptifs que fourniront les deux auteurs du projet.

Art. 9. L'exploitation rurale aura lieu d'après le mode et selon les règles qu'auront proposées MM. de Lamorre et Balzar du Mont, et qu'aura approuvées la Société dans ses deux premières réunions ; et comme il est d'essence rigoureuse pour le succès de la chose, que cette exploitation soit principalement dirigée vers le produit des bestiaux, il est arrêté dès à présent qu'il ne pourra être entretenu dans le grand domaine colonial moins de 500 têtes de gros bétail, ou leur équivalant en menu bétail, qui y seront installées par sixième dans chacune des six premières années, c'est-à-dire, dans la même progression que les défrichemens.

Art. 10. La Société anonyme sera représentée par une assemblée générale d'actionnaires, et gérée par un conseil d'administration qui aura sous ses ordres un trésorier.

TITRE II.

FONDS SOCIAL, APPORT INDUSTRIEL, ACTIONS.

Art. 11. Le fonds social est fixé à la somme de 800,000 francs ; il sera représenté par 800 actions de 1,000 francs chacune, dont la forme sera déterminée par le conseil d'administration.

Art. 12. Sur ces 800 actions, les comparans souscrivent, savoir :

M. .... pour .... actions.

M. .... pour .... »

M. .... pour .... »

                                              —————

Total : huit cents actions, ci .... 800 actions.

Art. 13. Sont, en outre, membres de la Société MM. de Lamorre et Balzar du Mont ; ils y apportent le projet dont elle est une émanation, le mérite de lui avoir procuré les terres propices à la culture, les soins et peines qu'ils ont pris, ainsi que les dépenses qu'ils ont faites pour former l'association ; ceux qu'ils donneront pendant 6 ans à la complète organisation de la colonie ; enfin, les récompenses pécuniaires qui pourront personnellement leur revenir par suite de prix décernés par le gouvernement, ou par des sociétés instituées pour stimuler l'agriculture et l'industrie.

Art. 14. Les souscripteurs aux actions seront tenus d'en verser en une seule fois le montant dans la caisse sociale, aussitôt l'appel qui leur en sera fait par le conseil d'administration, après que la Société aura été approuvée et constituée. Le titre d'action leur sera immédiatement remis en échange de ce versement.

Art. 15. L'actionnaire en retard de verser les fonds sera sommé de le faire par un simple acte extrajudiciaire, adressé au domicile par lui élu en souscrivant.

A défaut de paiement, dans les vingt-quatre jours de la sommation, l'administration de la Société fera procéder par voie d'enchères publiques, à la vente des actions arriérées ; lesquelles se trouveront, de cette manière, transférées aux acheteurs. Ce transfert aura lieu aux risques, périls et fortune du souscripteur primitif, avec lequel on comptera du produit de la vente ; de manière à ce que tout excédant de versement, par lui fait, lui soit rendu, et sous la réserve formelle du recours par les voies de droit pour tout déficit.

Les conditions du présent article sont toutes de rigueur et non comminatoires ; chaque souscripteur se soumet expressément à leur stricte exécution.

Art. 16. Les actions seront au porteur, et représentées par un titre détaché d'un registre à talon.

Il pourra en être délivré de nominatives aux actionnaires qui le demanderont ; elles seront consignées sur un registre, dont il sera remis un extrait aux actionnaires.

Les actions nominatives pourront être converties en actions au porteur.

Les transferts d'actions nominatives, et leur conversion en actions au porteur, seront établis sur le même registre.

Les écritures relatives à la délivrance des actions nominatives seront aux frais des demandeurs, d'après un tarif arrêté par la Société.

Art. 17. Tout appel de fonds, au-delà du montant des actions, est formellement interdit.

Les actionnaires ne pourront en aucun cas être responsables des engagemens de la Société que jusqu'à la concurrence du montant de leurs actions.

Art. 18. La Société ne reconnaît point de fractions d'actions ; si plusieurs ont droit à la propriété d'une ou de plusieurs actions indivisées entre eux, ils devront se faire représenter par une seule personne.

Dans aucun cas, et sans aucun prétexte, il ne pourra être apposé de scellés à leur requête ni fait inventaire.

Le porteur du titre d'action sera propriétaire des dividendes et autres droits s'il en existe, à l'égard de la Société.

Art. 19. Le capital social sera employé :

1° A l'acquisition de 5,662 journaux de Landes, destinés à la colonie ;

2° En constructions, meubles, machines, outils et objets divers, nécessaires à la mise en culture des terres et à l'organisation progressive de l'établissement.

3° A l'achat du bétail qui doit y être entretenu et aux premiers approvisionnemens en fourrage, etc.

4° Au paiement de partie des gages, salaires et traitemens inherens à l'exploitation rurale et industrielle de la colonie pendant les six premières années.

TITRE III.

PRODUITS, AMORTISSEMENT, FONDS DE RÉSERVE.

Art. 20. Sur les rentrées quelconques de la Société ne seront prélevées, dans les six premières années, que les sommes nécessaires au paiement d'un intérêt de 5 p0/0 à chaque actionnaire ; le reste sera employé en entier à l'acquit des dépenses prévues à l'article précédent.

Art. 21. A partir de la 7me année, le produit net de la colonie aura pour destination de continuer à servir aux actionnaires un intérêt de 5 p0/0 du montant de leurs actions ; de pourvoir à l'amortissement du capital, à dater de la 15me année ; de subvenir aux frais de bureau de la Société ; de constituer une prime annuelle pour les auteurs du projet ; de former un fonds de réserve en cas d'accidens imprévus ; d'offrir aux actionnaires un dividende variable.

Les paiemens auront lieu tous les semestres à la caisse sociale à

Art. 22. Il sera procédé à l'amortissement de telle sorte, que l'on remboursera pendant

La 15e année.	5 actions ci	5
Les 16, 17, 18 et 19e	10 «	«	40
La 20e	15 «	«	15
Les 21, 22, 23, 24, 25, 26 et 27e . . .	20 «	«	140
« 28 et 29e	25 «	«	50
La 30e	30 «	«	30
La 31e	55 «	«	55
Les 32 et 33e	60 «	«	120
« 34 « 35e	65 «	«	130
« 36 « 37e	70 «	«	140
Enfin la 38e année	75 «	«	75
	Total égal au nombre d'actions émises	800

Art. 23. Les amortissemens ne pourront s'effectuer, sans qu'il en ait été donné au public un avis, inséré dans les journaux destinés aux publications judiciaires du département de la Gironde, un mois avant chaque tirage.

Art. 24. La somme réservée pour les frais de bureau du conseil d'administration de la Société est fixée à 1,000 francs. Les autres frais, généralement quelconques, seront imputés sur les produits bruts de la colonie.

Art. 25. Le prélèvement, pour fonds de réserve, sera de 2,000 francs par an, qui seront, chaque fois, placés à intérêts composés en rentes sur l'Etat, jusqu'à ce qu'ils aient formé un capital de 40,000 francs.

Lorsque, par suite d'imputations faites sur ce capital de 40,000, il ne se trouvera plus au complet, la retenue annuelle de 2,000 fr. recommencera jusqu'à ce que le déficit ait été couvert. A la fin de la 38me année, ce capital appartiendra aux porteurs des six dernières actions sorties.

Art. 26. La prime annuelle des auteurs au projet est fixée à 3,000 francs, collectivement.

Il leur est alloué, en outre, le tiers du dividende variable prévu à l'art. 21 et qui restera à répartir, après ces diverses destinations remplies.

Art. 27. Les immeubles et leur inventaire, composant l'établissement colonial, seront, lors de la dissolution de la Société, répartis ainsi qu'il suit :

Aux porteurs des 75 dernières actions appartiendront le grand domaine de 2,520 journaux avec ses bâtimens d'exploitation, ses bestiaux, approvisionnemens et autres objets mobiliers ; plus un quart des terrains en nature de forêt ;

Au département et aux communes, moitié des terrains en forêt, le grand asile colonial, avec tout son inventaire, ses jardins et 200 métairies de 10 journaux, avec leur bétail et autres appartenances.

Enfin, à MM. de Lamorre et comp., Balzar du Mont, resteront, en toute propriété le dernier quart des terrains en forêt et les 70 métairies de 10 journaux restantes, y compris leur bétail et inventaire, à prendre, pour éviter toute discussion sur le choix, parmi les dernières établies.

TITRE IV.

CONSEIL D'ADMINISTRATION.

Art. 28. Les membres du conseil d'administration seront au nombre de cinq ; ils seront pris parmi les propriétaires de dix actions au moins, lesquelles seront inaliénables pendant toute la durée de leurs fonctions ; néanmoins, si quelqu'un des membres du conseil vendait ses actions, au mépris de cette prohibition, il sera censé démissionnaire, et sera remplacé dans les formes indiquées dans l'art. 9.

Cette durée sera de cinq ans, à dater du mois où la nomination aura eu lieu. Ils seront renouvelés par 5me tous les ans.

Pendant la première période de cinq ans, les membres sortant seront désignés par le sort, ensuite par rang d'ancienneté.

Les membres sortant pourront toujours être réélus.

Art. 29. En cas de vacances d'un ou de plusieurs membres du conseil d'administration, les membres restant pourvoiront aux remplacemens jusqu'à la première assemblée générale, qui procédera, en la forme ordinaire, à ces remplacemens.

Les nouveaux membres du conseil ne seront en exercice que pour le temps qui restait à courir à ceux qu'ils auront remplacées pour atteindre la période de cinq années, durée des fonctions qui leur étaient confiées.

44

Art. 30. Les membres du conseil élisent entre eux un président, dont les fonctions, comme tel, ne cesseront qu'avec son mandat comme membre du conseil ; elles seront gratuites et rééligibles.

Le président du conseil d'administration fait exécuter les décisions de ce conseil, qui sont toujours prises à la majorité des suffrages.

Il convoque les assemblées générales des actionnaires sur l'ordre donné par le conseil d'administration, et les préside provisoirement jusqu'à la nomination du bureau définitif.

Art. 31. Le conseil d'administration propose à l'assemblée générale le directeur et le second employé de la colonie, et le trésorier de la Société. Il nomme tous les autres employés. Il propose le taux de leurs appointemens, et veille à ce qu'ils remplissent exactement leurs fontions. Il propose tous les règlemens généraux et fait exécuter ceux qui sont en vigueur. Il discute, approuve ou rejette toutes les dispositions qui lui sont soumises par le directeur de la colonie, et qui embrassent la régie directe ou la location et ferme de tous objets ; la passation, résiliation et renouvellement de tous baux ; la perception et vente des fruits et produits.

Les fonctions du conseil embrassent aussi tout ce qui est relatif aux différens avec des tiers et des actionnaires, aux traités et transactions à passer, aux remises des sommes à accorder, aux compromis, et nomination d'arbitres, aux paiemens à faire, aux recettes à opérer, en un mot, à la gestion, administration et exploitation dans le sens le plus étendu de toutes les affaires de la Société, dont il est le mandataire en tout ce qui la concerne.

Le conseil d'administration aura à s'occuper, indépendamment de ce qui précède dans les deux derniers alinéas, de tous les détails qu'aura à lui soumettre le directeur de la colonie pour la formation et organisation qu'occasionnera l'établissement projeté, tels que louage, achats et vente de terrain, matériaux, machines, meubles, ustensiles, bestiaux, denrées et objets divers, nécessaires à sa mise en culture et activité ; indemnités à accorder, marchés et arrêtés de comptes ; il surveillera leur régularité, leur acquit, leur classement, les procès-verbaux, délibération, mémoires, pétitions, correspondances et écritures diverses.

Le conseil d'administration fait tenir des écritures régulières de toutes les affaires de la Société.

Il veille à ce que les dispositions du Code de commerce, au sujet des livres destinés à recevoir ces écritures, soient exactement remplies.

TITRE V.

DU DIRECTEUR DE LA COLONIE.

Art. 32. Le conseil d'administration est représenté, dans l'établissement colonial, par un directeur partageant, avec le conseil, l'iniative de tout ce qu'exige le bien de la colonie et de la Société, et chargé exclusivement de l'application de toutes les mesures arrêtées par le conseil dans le sens de l'article qui précède.

Art. 33. MM. de Lamorre et comp°, Balzar du Moht occuperont les deux premiers emplois de la colonie pendant six ans, qui commenceront le jour où sera rendue l'ordonnance royale qui sanctionnera les présens statuts.

Ils pourront être révoqués par la majorité en nombre des actionnaires réunis en assemblée générale.

En cas de révocation, il sera pourvu à leur remplacement, aussi par la majorité des actionnaires.

La révocation et le remplacement seront l'objet d'une délibération spéciale et motivée.

Art. 34. A l'expiration des six années, l'assemblée générale des actionnaires procédera à la nomination des deux premiers fonctionnaires de la colonie.

Les mêmes sujets pourront être constamment réélus. (Maintenu sous l'art. 52).

Art. 35. Le directeur de la colonie assiste à toutes les assemblées générales des actionnaires, il y a voix consultative.

TITRE VI.

DU TRÉSORIER.

Art. 36. Le trésorier de la Société devra être l'un des actionnaires, et propriétaire de quinze actions au moins.

Ces actions seront nominatives et inaliénables pendant la durée de ses fonctions.

Il est soumis à un cautionnement de 15,000 francs, qu'il fournira en actions de la Société.

Le trésorier ne fait point partie du conseil d'administration ; il assiste cependant à toutes les séances qu'il tient ; il y a voix consultative. Sa présence n'est point indispensable.

Il est sous les ordres du conseil d'administration.

Le trésorier est chargé du recouvrement de toutes les sommes dues à la Société, et du paiement de toutes celles qu'elle doit ; des placemens à intérêts simples et composés que le conseil pourrait ordonner dans l'intérêt de la Société, en un mot, du maniement et de la collocation de tous les fonds sociaux.

Ces recouvremens et ces paiemens se feront pendant les six premières années de la Société sur l'ordre du conseil d'administration.

Après cette époque, les recouvremens et les paiemens seront faits par le trésorier, sans qu'il soit besoin d'aucun ordre.

Les quittances à fournir et à retirer seront seulement, dans le cas de ce dernier alinéa, visées par l'un des membres du conseil d'administration.

Les délibérations de ce conseil doivent être transmises au trésorier, soit par extrait, soit par copie entière, au choix du conseil d'administration.

Si le trésorier exécute ces délibérations, elles lui seront réputées transmises.

Il tient sa caisse et surveille, sous le conseil d'administration, la tenue des écritures relatives aux affaires de la Société.

Le trésorier est nommé par l'assemblée générale des actionnaires et révocable par elle.

Art. 37. Le recouvrement immédiat des revenus quelconques de la colonie, et le paiement des dépenses d'exploitation rurale et d'entretien des enfans seront faits par un agent comptable, résidant à l'asile même, et qui versera, chaque mois, ses excédans à la caisse du trésorier, ou en recevra les fonds nécessaires au service en cas d'insuffisance des recouvremens effectués dans le mois. Cet agent sera tenu à un cautionnement dont le conseil d'administration règlera le taux.

TITRE VII.

ASSEMBLÉES GÉNÉRALES DES ACTIONNAIRES.

Art. 38. Il y aura de plein droit, chaque année, une assemblée générale, tant que durera la Société.

Il pourra être convoqué des assemblées générales toutes les fois que le bien de la Société et les présens statuts l'exigeront.

Art. 39. La convocation des assemblées générales sera faite au nom du conseil d'administration, par le président du conseil, et par lettres au domicile des actionnaires.

Cette convocation sera en outre annoncée dans l'un des journaux de   dix jours au moins avant la tenue de ces assemblées.

Le président de ce conseil présidera l'assemblée générale; il choisira deux scrutateurs. Le plus jeune des actionnaires, présens à l'assemblée générale, en sera le secrétaire.

Le bureau, ainsi formé, sera provisoire. Le premier soin de l'assemblée sera de se constituer définitivement.

Art. 40. Pour avoir le droit d'assister aux assemblées générales, il suffira d'être propriétaire d'une action.

Les actionnaires dont les actions seront au porteur, devront, deux jours au moins avant la tenue de l'assemblée générale, déposer les titres de leurs actions entre les mains du conseil d'administration, qui les leur rétablira après la tenue de la séance.

Il sera fait mention de ce dépôt sur un registre tenu exprès.

Art. 41. L'assemblée générale ne pourra délibérer, si elle n'est pas composée de la moitié des actionnaires ayant droit de voter, aux termes de l'art. 41.

Ce nombre est déterminé à l'aide d'un registre de transfert et de celui qui sera ouvert pour constater le dépôt, prescrit par l'article 41 précédent.

Si la moitié des membres de la Société n'est pas présent, il sera fait une nouvelle convocation, à douze jours d'intervalle, de la manière indiquée par l'art. 40. La lettre d'avis annoncera le sujet sur lequel l'assemblée aura à délibérer.

Les membres qui formeront cette seconde assemblée générale, pourront valablement délibérer, mais seulement sur le sujet indiqué dans la lettre d'avis, encore que leur nombre ne représentât point la moitié des actionnaires

Art. 42. Les délibérations seront prises au scrutin secret, à la majorité des suffrages relative aux membres présens.

Les voix seront comptées par têtes et non par actions.

Les actionnaires pourront se faire représenter par un fondé de pouvoir spécial, dont le mandat sera joint au procès-verbal de la séance.

Ce fondé de pouvoir ne sera point un des actionnaires, et ne pourra en représenter plus d'un.

Art. 43. Les assemblées générales entendent les comptes du conseil d'administration; nomment, si elles jugent à propos, un ou plusieurs commissaires pour les vérifier et les débattre; arrêtent lesdits comptes; s'occupent en suite de tout ce qui peut intéresser la société; et procèdent enfin au remplacement des membres sortant du conseil d'administration, s'il y a lieu.

Art. 44. L'assemblée générale, formée ainsi qu'il est prescrit aux présens statuts, délibérant conformément aux dispositions qu'ils contiennent, représente tous les actionnaires; ses décisions sont souveraines et obligatoires pour tous, même pour ceux qui n'ont pas concouru à l'assemblée qui les a rendues.

Art. 45. Une copie des rapports faits dans les assemblées générales sera remise à chaque actionnaire. Une expédition en sera adressée à M. le Préfet de la Gironde, au Tribunal de commerce de   et à la Chambre de commerce de cette ville.

TITRE 8.

DISPOSITIONS COMMUNES AUX TITRES QUI PRÉCÈDENT.

Art. 46. Les statuts de la société anonyme pourront être modifiés et augmentés par l'assemblée générale des actionnaires, avec l'autorisation du Roi.

Néanmoins aucune modification ne pourra être réclamée avant la septième année de l'existence de la société.

L'assemblée générale qui délibérera sur cette demande en modification desdits statuts, devra réunir les deux tiers des actionnaires ayant droit de délibérer, et représenter au moins les deux tiers des actions.

Art. 47. Si pour une cause quelconque, la Société est forcée de se dissoudre pendant sa durée, la délibération qui ordonnera cette dissolution devra être prise à la majorité des trois quarts des membres présens, représentant les trois quarts en   , des actions non amorties.

Le mode à suivre pour la liquidation de la Société, au cas de dissolution, sera arrêté en même temps par l'assemblée générale.

La décision prise à ce dernier sujet, le sera à la majorité des suffrages relative aux membres présens à l'assemblée, conformément aux dispositions de l'art. 43 précédent.

Art. 48. S'il s'élève des difficultés entre la Société et les actionnaires, soit pendant sa durée, soit au jour de sa dissolution, elles seront soumises à la décision d'arbitres amiables compositeurs, nommés l'un par le conseil d'administration, au nom de la Société; l'autre par les actionnaires: lesquels arbitres, en cas de partage, seront autorisés à s'adjoindre un tiers arbitre de leur choix.

Ces arbitres amiables compositeurs sont dispensés de suivre les formes et d'observer les délais prescrits par les lois aux tribunaux.

Leurs décisions seront en dernier ressort, et leurs jugemens ne pourront être attaqués sous quelque prétexte, ni par quelque voie que ce puisse être.

Si l'une des parties refuse de nommer son arbitre, il le sera après un simple acte de mise en demeure, par le tribunal de commerce de Bordeaux, sans que la partie qui se sera refusée à la nommer, puisse attaquer le choix fait par ce tribunal.

Art. 49. Les parties élisent domicile pour l'exécution des présentes dans leur demeure respective, ci-dessus désignée; auxquels lieux elles consentent que toutes significations soient faites et valent pendant la durée de la Société, comme si elles étaient faites à domicile réel, nonobstant toutes dispositions contraires.

Art. 50. Si un ou plusieurs des actionnaires actuels cèdent tout ou partie de leurs actions, l'élection du domicile ci-dessus faite par le cédant, vaudra à l'égard du cessionnaire, jusqu'à ce qu'il en fasse connaître une autre à la Société.

Ce cessionnaire sera soumis à toutes les dispositions des présens statuts et en profitera comme le cédant, s'il n'a pas cédé tout ou partie de ses actions.

Art. 51. Indépendamment des autorités mentionnées à l'art. 46, auxquelles doivent être adressées les rapports faits dans les assemblées générales, il en sera encore envoyé, franc de port, à chacun des éditeurs des journaux politiques du département.

Une somme de 100 f. sera mise, chaque année, à la disposition de chacun de ces éditeurs, qui viendront visiter l'établissement, et y recueillir des renseignemens sur toutes les branches de l'administration coloniale.

Tout actionnaire, tout fonctionnaire participant à la tutèle que l'administration exerce sur les enfans trouvés, qui voudra également ment visiter les colonies, y recevra des détails analogues.

TITRE 9.

DISPOSITIONS TRANSITOIRES.

Art. 53. Les comparans donnent pouvoir à MM. leurs co-sociétaires de , pour eux et en leurs noms, se pourvoir près de qui il appartiendra, à l'effet de solliciter l'autorisation nécessaire à la constitution de la présente Société, adresser toutes demandes et pétitions à ce sujet, remplir toutes les formalités, consentir à toutes suppressions, augmentations et modifications des présens statuts, qui seraient réclamés par le gouvernement du Roi, avant de présenter à la signature de Sa Majesté l'ordonnance d'autorisation, faire toutes déclarations et affirmations, remettre ou communiquer toutes pièces, justifier de toutes qualités et de tous droits, réunir en un seul acte les changemens réclamés, et la partie conservée desdits statuts ; élire domicile, substituer une ou plusieurs personnes en tout ou partie des présens pouvoirs, les révoquer, en substituer d'autres ; passer et signer tous actes, et généralement tout faire pour parvenir à obtenir l'ordonnance d'autorisation, tout ce que le mandataire jugera convenable, quoique non prévu par ces présentes, promettant l'avoir pour agréable, et l'exécuter.

Fait à

TABLE DES MATIÈRES.